微处理器体系结构
专利技术研究方法

第二辑：
x86 多媒体指令集

徐步陆　编著

科学出版社

北京

内 容 简 介

　　本书研究 x86 多媒体指令集扩展专利技术实现的思路、方法。MMX 与之后的 SSE、AVX 等一系列 x86 多媒体扩展指令集使得处理器支持的紧缩数据的数据元素类型从整数扩展到单精度、双精度浮点数,宽度从 8 位扩展到 16 位、32 位、64 位、512 位。本书第 1 章分析 MMX 指令集专利技术。第 2～7 章研究 SSE、SSE2、SSE3、SSSE3、SSE4 等专利技术。第 8～11 章研究 AVX、AVX2 和 AVX-512 等专利技术。

　　上述指令集扩展不但高效地实现多媒体应用处理的初衷,今天更是成功地应用在信号处理、科学计算、人工智能等高算力领域。本书中相关的专利技术方案是研制 x86 处理器时难得的一手资料,具有工业实现和科学研究的双重价值。本书可为从事 CPU 处理器、异构处理器和人工智能模型领域研发的相关科研人员、工程师和广大师生提供参考。

图书在版编目(CIP)数据

微处理器体系结构专利技术研究方法. 第二辑, x86 多媒体指令集/徐步陆编著. —北京:科学出版社,2023.12

ISBN 978-7-03-077137-7

Ⅰ. ①微… Ⅱ. ①徐… Ⅲ. ①微处理器－结构体系－专利技术－研究方法 Ⅳ. ①TP332

中国国家版本馆 CIP 数据核字(2023)第 233580 号

责任编辑:赵艳春　霍明亮/责任校对:王　瑞
责任印制:吴兆东/封面设计:蓝　正

科 学 出 版 社 出版
北京东黄城根北街 16 号
邮政编码:100717
http://www.sciencep.com

北京中石油彩色印刷有限责任公司 印刷
科学出版社发行　各地新华书店经销

*

2023 年 12 月第 一 版　开本:720 × 1000　1/16
2023 年 12 月第一次印刷　印张:19
字数:380 000

定价:158.00 元
(如有印装质量问题,我社负责调换)

前　言

高端通用处理器是集成电路技术标杆和产业战略制高点。也可以说只有掌握了高端通用处理器，才能算得上信息产业大国和强国。从源头掌握计算与处理器设计的原始思想和知识技术积累，是我们在科技创新和产业创新中举一反三，特别是条件受限时的创新基石和指路灯，不断需要新的参考书和资料来推动处理器领域的新突破。

本书虽然按照高端通用处理器的技术模块编辑章节，但目的不是成为微处理器体系结构的教科书。本书虽然回顾和总结了高端通用处理器技术的研发，但目的不是成为技术手册和产业发展报告。本书虽然立足于专利深加工精度与分析，但目的也不是成为 CPU 专利白皮书和专利地图。

本书的初衷是成为一把探索计算思想的钥匙。书中以通用处理器 x86 体系结构实现为研究目标，以专利文献囊括的技术为研究对象，把微处理器体系结构、计算机系统结构按照指令集结构—微结构—物理实现进行分层，采用微处理器体系结构专利技术研究方法，通过逐一检阅专利记载的各种微处理器设计路径，探索其中萌发的原始思想和技术实现的方法，找到 x86 体系结构的设计发展脉络与演进规律，为致力于探索微处理器的设计开发者、科研院所的研究人员和工业界专业人士，打开当前世界上最大的已公开但罕有人系统考究的微处理器知识仓库。

本书是系列丛书的第二辑。2023 年中，《微处理器体系结构专利技术研究方法 第一辑：x86 指令集总述》和《微处理器体系结构专利技术研究方法 第三辑：x86 指令实现专利技术》已经出版。本书是上海硅知识产权交易中心十多年来的工作成果，相关成果获得了 2021 年度上海市计算机学会科学技术奖。此外，对多核、低功耗、编译、可重构等微处理器核心技术的类似研究，本中心也已经有了初步文稿或在计划之中。

本书也得到了复旦大学、同济大学、清华大学、浙江大学、上海交通大学、中山大学、北京大学等微处理器研发团队成员的协助。本书自 2014 年起得到上海市软件和集成电路产业发展专项的多次资助，成果也服务了国家科技重大专项"核心电子器件、高端通用芯片及基础软件产品"中 x86 微处理器的研发与产业化。

作　者

2023 年 12 月 1 日

目　　录

第1章 多媒体扩展指令集专利技术

从多媒体扩展（multimedia extension，MMX）指令集开始，英特尔公司引入一种新的数据格式，即 packed data，中文称为紧缩数据或复合数据，由若干个数据元素组成。在英特尔公司后续推出的流式传输 SIMD 扩展（streaming SIMD extension，SSE）、流式传输 SIMD 扩展 2（streaming SIMD extension 2，SSE2）、流式传输 SIMD 扩展 3（streaming SIMD extension 3，SSE3）、补充流式传输 SIMD 扩展 3（supplemental streaming SIMD extension 3，SSSE3）、流式传输 SIMD 扩展 4（streaming SIMD extension 4，SSE4）、高级矢量扩展（advanced vector extension，AVX）指令集、高级矢量扩展 2（advanced vector extension 2，AVX2）指令集和高级矢量扩展 512（advanced vector extension 512，AVX-512）指令集中，处理器支持的紧缩数据的数据元素类型从整型数据扩展到单精度浮点数、双精度浮点数，数据元素的宽度从 8 位扩展到 16 位、32 位等，紧缩数据的宽度也由 64 位逐步扩展到 512 位。

MMX 指令集包含 47 条指令[1]，1996 年在采用 MMX™ 技术的奔腾处理器中推出了 MMX 指令集，其主要应用于加快多媒体流处理的运算。

MMX 指令集中把 8 个 8 位、4 个 16 位或 2 个 32 位的整型数据组合成 64 位的紧缩数据并存放在 MMX 寄存器中。在相应的时钟周期内，处理器对 MMX 寄存器中的多个紧缩数据元素进行各种运算。MMX 技术并没有增加新的寄存器硬件，而是将 8 个 80 位浮点寄存器（ST0，…，ST7）的低 64 位复用为 MMX 寄存器（MM0，…，MM7）。在进行上下文切换时，中央处理器（central processing unit，CPU）将 MMX 寄存器等同浮点寄存器进行状态保存和恢复。

MMX 指令集包括数据传输（move）、打包和拆开（pack and unpack）、算术运算（arithmetic）、比较（comparison）、逻辑运算（logical）、移位和循环（shift and rotate），以及多媒体状态管理七大类。根据对英特尔公司专利的分析，打包和拆开、算术运算，以及移位和循环三类的单条指令均有对应的指令格式专利保护。此外，英特尔公司还申请了使用 MMX 指令序列加速复数滤波、复数乘累加等运算的专利。多媒体状态管理指令的相关专利技术不涉及指令格式，和指令逻辑实现方法相关，为方便理解也放在第 1 章内。

1.1 紧缩数据打包和拆开指令

在本节专利技术之前，处理器执行多个数据的移动、打包和拆开等操作需要多个单独的操作。专利技术提出了打包和拆开类指令及操作方法，在同一寄存器中打包更多的紧缩数，以便在后续的一条指令的执行周期内能同时完成更多紧缩数的算术或逻辑运算等，这可以成倍地提高计算机系统的性能。打包和拆开类指令是非常重要的一类指令，自 MMX 指令集开始，英特尔公司在后续几代单指令多数据（single instruction multiple data，SIMD）结构指令集中不断地扩充打包和拆开类指令，累计总数超过 50 条。同时，英特尔公司也采用专利申请接续案与分案的方式保护这些扩充的打包和拆开类指令。本节专利技术既涉及 MMX 指令集，也包括 SSE、SSE2、SSE4.1、AVX、AVX2 指令集出现的打包和拆开类指令与操作。

【相关专利】

（1）US5802336（Microprocessor capable of unpacking packed data，1997 年 1 月 27 日申请，已失效）

（2）US5881275（Method for unpacking a plurality of packed data into a result packed data，1997 年 2 月 13 日申请，已失效）

（3）US5819101（Method for packing a plurality of packed data elements in response to a pack instruction，1997 年 7 月 21 日申请，已失效）

（4）US6119216（Microprocessor capable of unpacking packed data in response to a unpack instruction，1997 年 3 月 22 日申请，已失效）

（5）US6516406（Processor executing unpack instruction to interleave data elements from two packed data，2000 年 9 月 8 日申请，已失效）

（6）US20030115441（Method and apparatus for packing data，2002 年 6 月 27 日申请，已失效，本书不讨论）

（7）US8601246（Execution of instruction with element size control bit to interleavingly store half packed data elements of source registers in same size destination register，2002 年 6 月 27 日申请，已失效）

（8）US7966482（Interleaving saturated lower half of data elements from two source registers of packed data，2006 年 6 月 12 日申请，已失效）

（9）US8521994（Interleaving corresponding data elements from part of two source registers to destination register in processor operable to perform saturation，2010 年 12 月 22 日申请，已失效）

（10）US8190867（Packing two packed signed data in registers with saturation，2011 年 5 月 16 日申请，已失效）

（11）US8495346（Processor executing pack and unpack instructions，2012 年 4 月 11 日申请，已失效）

（12）US8639914（Packing signed word elements from two source registers to saturated signed byte elements in destination register，2012 年 12 月 29 日申请，已失效）

中国同族专利 CN 1094610C、CN 101211255B、CN 102841776B、CN 1326033C 和 CN 100412786C

【相关指令】

相关指令见表 1.1。其中，序号 1～4 是打包指令，序号 5～16 是拆开指令；序号 1～12 指令操作的数据元素类型为紧缩整型数据，序号 13～16 是紧缩浮点数据。相关指令又可以分为操作数带符号位或无符号位，打包类指令还可以分为是否支持饱和（saturation）操作。根据源操作数中的单个数据元素长度还可以分为字节（byte）、字（word）、双字（doubleword）和四字（quadword）。

表 1.1　1.1 节专利技术相关打包和拆开指令[①②]

序号	指令	指令集					
		MMX	SSE	SSE2	SSE4.1	AVX	AVX2
1	(V)PACKSSWB	√		√		√	√
2	(V)PACKSSDW	√		√		√	√
3	(V)PACKUSWB	√		√		√	√
4	(V)PACKUSDW				√	√	√
5	(V)PUNPCKHBW	√		√		√	√
6	(V)PUNPCKHWD	√		√		√	√
7	(V)PUNPCKHDQ	√		√		√	√
8	(V)PUNPCKHQDQ			√		√	√
9	(V)PUNPCKLBW	√		√		√	√
10	(V)PUNPCKLWD	√		√		√	√
11	(V)PUNPCKLDQ	√		√		√	√
12	(V)PUNPCKLQDQ			√		√	√
13	(V)UNPCKHPS		√			√	
14	(V)UNPCKLPS		√			√	
15	(V)UNPCKHPD			√		√	
16	(V)UNPCKLPD			√		√	

① MMX、SSE2、AVX 和 AVX2 指令集下有相同的助记符，指令操作类似，但在不同指令集下读写的寄存器、操作数长度、数据元素长度、目标和源寄存器是否复用及指令编码等有区别，详细指令说明请在手册中检索。

② AVX 和 AVX2 指令集下指令助记符加前缀 V，其他指令集下助记符不加前缀 V。

（1）MMX、SSE2、AVX 和 AVX2 指令集的(V)PACKSSWB（pack word into byte with signed saturation，紧缩字到紧缩字节带符号饱和打包）。

（2）MMX、SSE2、AVX 和 AVX2 指令集的(V)PACKSSDW（pack doubleword into word with signed saturation，紧缩双字到紧缩字带符号饱和打包）。

（3）MMX、SSE2、AVX 和 AVX2 指令集的(V)PACKUSWB（pack word into byte with unsigned saturation，紧缩字到紧缩字节无符号饱和打包）。

（4）SSE4.1、AVX 和 AVX2 指令集的(V)PACKUSDW（pack doubleword to word with unsigned saturation，紧缩双字到紧缩字无符号饱和打包）。

（5）MMX、SSE2、AVX 和 AVX2 指令集的(V)PUNPCKHBW（unpack high-order byte，拆开高阶紧缩字节）指令将源操作数的高阶数据元素（字节）拆开并在目的操作数中交错。

（6）MMX、SSE2、AVX 和 AVX2 指令集的(V)PUNPCKHWD（unpack high-order word，拆开高阶紧缩字）指令将源操作数的高阶数据元素（字）拆开并在目的操作数中交错。

（7）MMX、SSE2、AVX 和 AVX2 指令集的(V)PUNPCKHDQ（unpack high-order doubleword，拆开高阶紧缩双字）指令将源操作数的高阶数据元素（双字）拆开并在目的操作数中交错。

（8）SSE2、AVX 和 AVX2 指令集中的(V)PUNPCKHQDQ（unpack high-order quadword，拆开高阶紧缩四字）指令将源操作数的高阶数据元素（四字）拆开并在目的操作数中交错。

（9）MMX、SSE2、AVX 和 AVX2 指令集的(V)PUNPCKLBW（unpack low-order byte，拆开低阶紧缩字节）指令将源操作数的低阶数据元素（字节）拆开并在目的操作数中交错。

（10）MMX、SSE2、AVX 和 AVX2 指令集的(V)PUNPCKLWD（unpack low-order word，拆开低阶紧缩字）指令将源操作数的低阶数据元素（字）拆开并在目的操作数中交错。

（11）MMX、SSE2、AVX 和 AVX2 指令集的(V)PUNPCKLDQ（unpack low-order doubleword，拆开低阶紧缩双字）指令将源操作数的低阶数据元素（双字）拆开并在目的操作数中交错。

（12）SSE2、AVX 和 AVX2 指令集的(V)PUNPCKLQDQ（unpack low-order quadword，拆开低阶紧缩四字）指令将源操作数的低阶数据元素（四字）拆开并在目的操作数中交错。

（13）SSE 和 AVX 指令集的(V)UNPCKHPS（unpack and interleave high packed single-precision floating-point values，拆开并交错高位紧缩单精度浮点值）。

（14）SSE 和 AVX 指令集的(V)UNPCKLPS（unpack and interleave low packed single-precision floating-point values，拆开并交错低位紧缩单精度浮点值）。

（15）SSE2 和 AVX 指令集的(V)UNPCKHPD（unpack and interleave high packed double-precision floating-point values，拆开并交错高位紧缩双精度浮点值）。

（16）SSE2 和 AVX 指令集的(V)UNPCKLPD（unpack and interleave low packed double-precision floating-point values，拆开并交错低位紧缩双精度浮点值）。

PACKSSDW 指令（64 位操作数）操作示意图和 PUNPCKHBW 指令（64 位操作数）操作示意图如图 1.1 和图 1.2 所示。

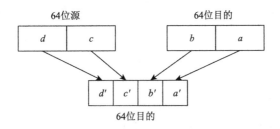

图 1.1 PACKSSDW 指令（64 位操作数）操作示意图

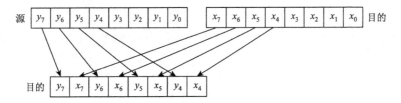

图 1.2 PUNPCKHBW 指令（64 位操作数）操作示意图

【相关内容】

专利技术与紧缩数（两个源操作数）的打包和拆开指令、操作、装置、系统和方法相关，还给出了指令相关计算机系统、处理器数据存储格式（无符号紧缩数据和非紧缩数据、带符号数紧缩数据和非紧缩数据）。

打包与拆开专利和指令应用时间的关系如图 1.3 所示。US5802336、US5881275、US6516406、US8601246 和 US8521994 专利技术涉及拆开操作；US8495346 专利技术涉及打包和拆开两个操作组合；US5819101、US6119216、US7966482、US8521994、US8190867 和 US8639914 专利技术涉及打包操作。最早的美国专利申请于 1994 年，比 1996 年指令在处理器中实际应用早了 2 年。

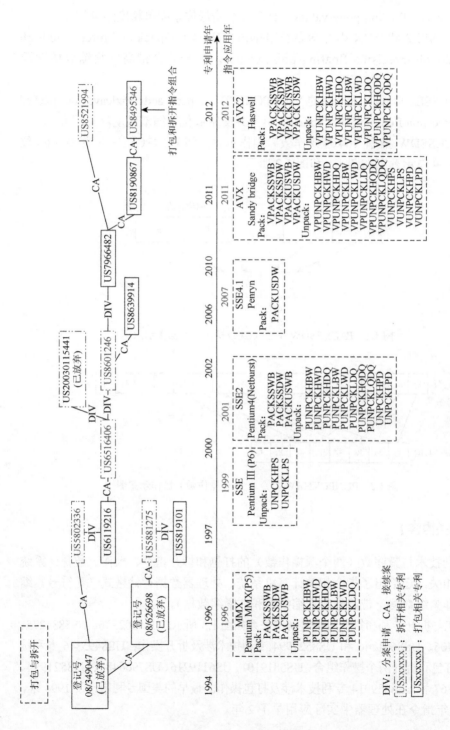

图 1.3 打包与拆开专利和指令应用时间的关系

　　紧缩数打包操作将源操作数中各个数据元素用原有的一半位数表示。如图 1.4 和图 1.5 所示，将两源操作数紧缩字或双字的一部分打包放置到目的操作数紧缩字节或字，根据指令的不同还可以分为是否执行饱和操作及数据格式是否带符号。

　　首先译码器译码控制信号，获得打包操作的操作码、源和目的操作数地址、饱和或非饱和、带符号或无符号及数据元素长度（字、双字）信息；其次访问源操作数数据；再次根据译码的数据元素长度、是否饱和和符号控制相关功能开关，若源操作数数据元素是字（word，16 位），则将其中 8 位放置到目标数，或箝位到 0X80（针对小于 0X80 带符号数）或 0X7F（针对大于 0X7F 带符号数），双字操作类似。其中饱和控制由饱和测试电路完成，每个饱和测试电路测试高阶位以判定是否应该对结果箝位。

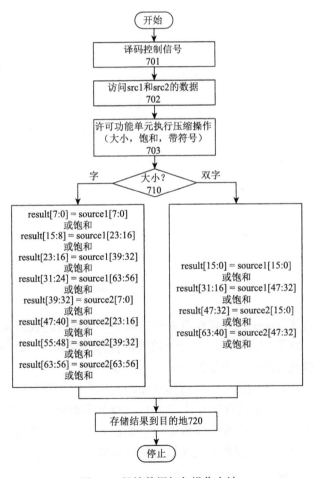

图 1.4　紧缩数据打包操作方法

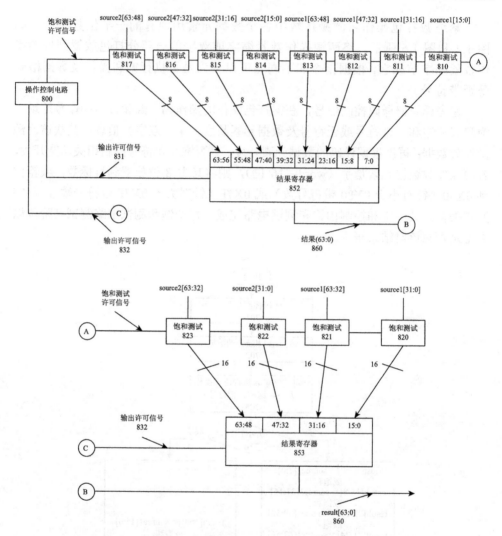

图 1.5　紧缩数据（字）打包操作电路

　　紧缩数据拆开（unpack）操作将源操作数中一半数量的数据元素交错放置到目的操作数中。如图 1.6 和图 1.7 所示，将两源操作数紧缩字节、字或双字的一部分拆开交错放置到目的操作数紧缩字节、字、双字中。

　　首先译码器译码控制信号，获得拆开操作的操作码、源和目的操作数地址及数据元素长度（字节、字或双字）；其次访问源操作数数据；再次根据译码的数据元素长度，如字节，将一个源操作数中一个 8 位数据元素放置到目标操作数中，将另一个操作数中一个 8 位数据元素放置到目标数与前一数据元素相邻的位置。字和双字的操作类似。

紧缩数据打包和拆开操作控制信号格式如图 1.8 所示。其中 op 是操作码，src1 和 src2 是源操作数，dest 是目的操作数，t 指示是否饱和，s 指示是否为带符号数，sz 指定数据元素长度。

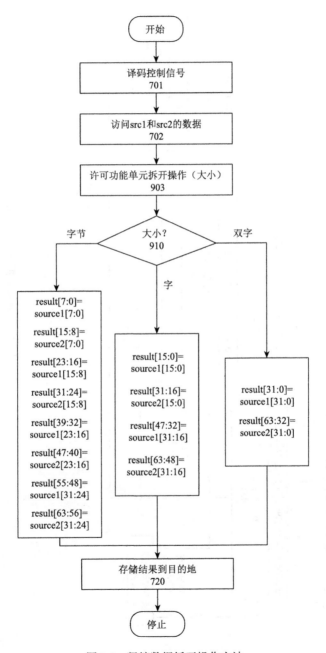

图 1.6　紧缩数据拆开操作方法

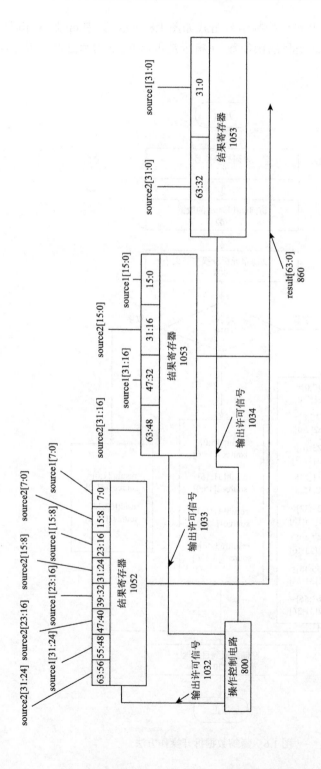

图 1.7　紧缩数据拆开操作电路

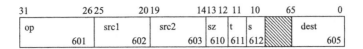

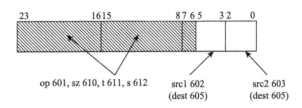

图 1.8 紧缩数据打包和拆开操作控制信号格式

1.2 紧缩数据乘加（乘减）指令和运算

紧缩数据乘加指令密集使用在复数乘法、乘累加、点积运算和离散余弦变换等操作中，能加速数字滤波、语音压缩算法、高保真压缩算法及图像和视频压缩等的实现。

【相关专利】

（1）US6385634（Method for performing multiply-add operations on packed data，1995 年 8 月 31 日申请，已失效，中国同族专利 CN 100461093C）

（2）US5721892（Method and apparatus for performing multiply-subtract operations on packed data，1995 年 11 月 6 日申请，已失效）

（3）US5859997（Method for performing multiply-subtract operations on packed data，1996 年 8 月 20 日申请，已失效）

（4）US7424505（Method and apparatus for performing multiply-add operations on packed data，2001 年 11 月 19 日申请，已失效）

（5）US7430578（Method and apparatus for performing multiply-add operations on packed byte data，2003 年 6 月 30 日申请，已失效）

（6）US7395298（Method and apparatus for performing multiply-add operations on packed data，2003 年 6 月 30 日申请，已失效）

（7）US7509367（Method and apparatus for performing multiply-add operations on packed data，2004 年 6 月 4 日申请，已失效）

（8）US8185571（Processor for performing multiply-add operations on packed data，2009 年 3 月 23 日申请，已失效）

（9）US8626814（Method and apparatus for performing multiply-add operations on packed data，2011 年 7 月 1 日申请，已失效）

（10）US8725787（Processor for performing multiply-add operations on packed data，2012 年 4 月 26 日申请，已失效）

（11）US8396915（Processor for performing multiply-add operations on packed data，2012 年 9 月 4 日申请，已失效）

（12）US8495123（Processor for performing multiply-add operations on packed data，2012 年 10 月 1 日申请，已失效）

（13）US8745119（Processor for performing multiply-add operations on packed data，2013 年 3 月 13 日申请，已失效）

（14）US8793299（Processor for performing multiply-add operations on packed data，2013 年 3 月 13 日申请，已失效）

（15）US20130262547（Processor for performing multiply-add operations on packed data，2013 年 5 月 30 日申请，已失效）

（16）US20130262836（Processor for performing multiply-add operations on packed data，2013 年 5 月 30 日申请，已失效）

【相关指令】

（1）MMX 指令集 PMADDWD（multiply and add packed word integer，对紧缩字执行乘并加）指令将两个源操作数中对应的单个带符号字（16 位）相乘，得到临时的带符号双字（32 位）乘积，相邻的两个乘积相加后存入目的操作数。PMADDWD 指令操作示例如图 1.9 所示。

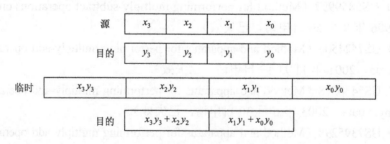

图 1.9　PMADDWD 指令操作示例

（2）SSE2 指令集 PMADDWD 指令将 MMX 对应指令操作数扩展到 128 位，每个操作数包含 8 个字（16 位）。

（3）AVX 指令集 VPMADDWD 指令和 SSE2 的 PMADDWD 类似，但源操作数和目的操作数不复用。

（4）AVX2 指令集 VPMADDWD 指令将 AVX 对应指令操作数扩展到 256 位，每个操作数包含 16 个字（16 位）。

（5）SSSE3 指令集 PMADDUBSW（multiply and add packed signed and unsigned byte，对紧缩的带符号和不带符号字节执行乘并加）指令将目的操作数（第一操作数）中的每个不带符号字节和源操作数（第二操作数）对应的带符号字节垂直相乘，得到临时的带符号双字乘积，相邻的乘积相加后把带饱和操作后的结果存入目的操作数。PMADDUBSW 指令共两条，操作数分别为 64 位和 128 位。

（6）AVX 指令集 VPMADDUBSW 和 SSSE3 的 128 位操作数的 PMADDUBSW 类似，但源操作数和目的操作数不复用。

（7）AVX2 指令集 VPMADDUBSW 将 AVX 指令集对应指令操作数扩展到 256 位，每个操作数包含 16 个字（16 位）。

【相关内容】

专利技术提出了执行单指令多数据的紧缩数据乘加（乘减）运算的指令、方法和处理器。紧缩数据乘加指令操作示例如图 1.10 所示，将源操作数 1（source1）的各个数据元素分别乘以源操作数 2（source2）的对应数据元素生成若干乘积，每对相邻的乘积相加的和存入目的操作数（result）。

MULTIPLY-ADD source1, source2				
a_1	a_2	a_3	a_4	source1
b_1	b_2	b_3	b_4	source2
=				
$a_1b_1 + a_2b_2$		$a_3b_3 + a_4b_4$		result

图 1.10　紧缩数据乘加指令操作示例

图 1.11 是 64 位长度紧缩数据（每个数据元素为 16 位）乘加（乘减）操作的流程图。

图 1.12 是紧缩数据乘加（乘减）电路图，其中紧缩数据乘加（乘减）器由两组电路组成。乘法器完成两操作数对应 16 位数据元素的乘法运算，每个生成 32 位中间值。相邻两个中间值在加法器或减法器中完成加或减运算，结果组成 64 位紧缩数据存放在结果寄存器中。其中完成乘加还是乘减运算，由指令是乘加还是乘减而生成的控制信号选择。

本节专利技术还提出了包含上述紧缩数据乘加（乘减）指令的指令序列，可以应用在多种多媒体算法中，包含复数乘法操作、乘累加操作、点积操作、离散余弦变换。

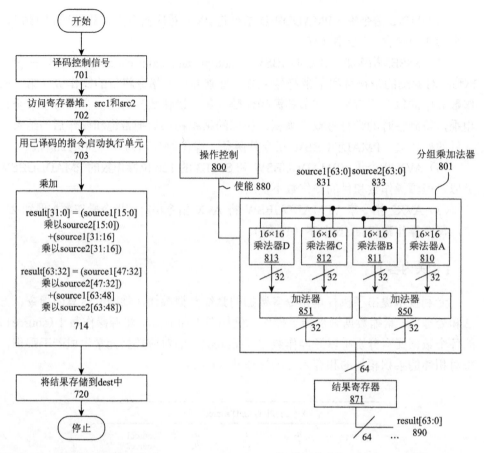

图 1.11　64 位长度紧缩数据（每个数据元素为 16 位）乘加（乘减）操作的流程图

图 1.12　紧缩数据乘加（乘减）电路图

1）复数乘法操作

两复数（实部和虚部分别为 r_1 和 i_1、r_2 和 i_2）相乘，结果实部 $= r_1r_2 - i_1i_2$；虚部 $= r_1i_2 + r_2i_1$，用专利技术的一条复数乘加指令即可完成，如图 1.13 所示。

MULTIPLY-ADD source1, source2				
r_1	i_2	r_1	i_1	source1
r_2	$-i_2$	i_2	r_2	source2
=				
实部：$r_1r_2 - i_1i_2$		虚部：$r_1i_2 + r_2i_1$		result1

图 1.13　利用紧缩数据乘加指令实现两复数乘法

三复数相乘（实部和虚部分别为 r_1 和 i_1、r_2 和 i_2、r_3 和 i_3），结果实部 = $(r_1r_2-i_1i_2)r_3-(r_1i_2 + r_2i_1)i_3$；虚部 = $(r_1r_2-i_1i_2)i_3 + (r_1i_2 + r_2i_1)r_3$，需要如下四条 SIMD 指令序列完成。首先将三复数分别如图 1.13 所示放入源操作数 1、2 和 3（source1、source2 和 source3），指令 1 完成前两个复数的相乘操作；指令 2 和指令 3 将两复数乘积的实部和虚部从 32 位压缩到 16 位；指令 4 完成两复数乘积和第三个复数相乘，最后 result4 为三复数乘积，其中高 32 位是实部，低 32 位是虚部。图 1.14 为利用紧缩乘加等 SIMD 指令序列实现三复数乘法。

图 1.14　利用紧缩乘加等 SIMD 指令序列实现三复数乘法

2）乘累加操作

两组 8 个数据元素相乘并累加的操作可以用含紧缩乘加的六条指令实现（图 1.15）。

3）点积操作

点积经常使用在计算矩阵积、相关序列和有限脉冲响应（finite impulse response，FIR）等数字滤波中，而语音压缩算法、高保真压缩算法等密集使用数字滤波和相关计算。因此提高点积运算性能，就能提高以上算法的性能。

指令1：乘加　　　　MULTIPLY-ADD source1, source2

a_1	a_2	a_3	a_4	source1
b_1	b_2	b_3	b_4	source2
		=		
$a_1b_1 + a_2b_2$		$a_3b_3 + a_4b_4$		result1

指令2：乘加　　　　MULTIPLY-ADD source3, source4

a_5	a_6	a_7	a_8	source3
b_5	b_6	b_7	b_8	source4
		=		
$a_5b_5 + a_6b_6$		$a_7b_7 + a_8b_8$		result2

指令3：紧缩加法　　　　PACKED-ADD result1, result2

$a_1b_1 + a_2b_2$	$a_3b_3 + a_4b_4$	result1
$a_5b_5 + a_6b_6$	$a_7b_7 + a_8b_8$	result2
	=	
$a_1b_1 + a_2b_2 + a_5b_5 + a_6b_6$	$a_3b_3 + a_4b_4 + a_7b_7 + a_8b_8$	result3

指令4：高阶数拆开　　UNPACK HIGH result3, source5

$a_1b_1 + a_2b_2 + a_5b_5 + a_6b_6$	$a_3b_3 + a_4b_4 + a_7b_7 + a_8b_8$	result3
0	0	source5
	=	
0	$a_1b_1 + a_2b_2 + a_5b_5 + a_6b_6$	result4

指令5：低阶数拆开　　UNPACK LOW result3, source5

$a_1b_1 + a_2b_2 + a_5b_5 + a_6b_6$	$a_3b_3 + a_4b_4 + a_7b_7 + a_8b_8$	result3
0	0	source5
	=	
0	$a_3b_3 + a_4b_4 + a_7b_7 + a_8b_8$	result5

指令6：紧缩加法　　　　PACKED ADD result4, result5

0	$a_1b_1 + a_2b_2 + a_5b_5 + a_6b_6$	result4
0	$a_3b_3 + a_4b_4 + a_7b_7 + a_8b_8$	result5
	=	
0	total	result6

图 1.15　利用紧缩乘加等 SIMD 指令序列实现两组数据乘累加操作

　　两个长度为 n 的序列 A 和序列 B 的点积定义为 A_0B_0 到 $A_{n-1}B_{n-1}$ 的和或累加。点积操作可以使用乘加指令、加法指令和移位指令序列完成。

　　4）离散余弦变换

　　离散余弦变换常在信号处理算法（如视频和图像压缩算法）中使用，使像素块由空间表示变换为频率表示。图像信息被分割成重要程度不同的频率分量，压缩算法的实质是选择性地将重要的频率分量量化，将对图像重构不重要的分量丢弃。

　　离散余弦变换的实现方法有很多，最经典常用的快速变换是快速傅里叶变换（fast Fourier transform，FFT），而 FFT 又可以分解为若干的蝶形运算。蝶形

运算可以表示为 $X = ax + by$ 和 $Y = cx-dy$，其中 $a\sim d$ 是系数，x 与 y 是输入，X 与 Y 是输出，如图 1.16 所示，执行一条紧缩乘加（乘减）指令可以完成蝶形运算。

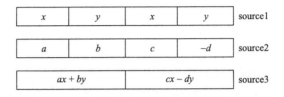

图 1.16　利用紧缩乘加（乘减）指令执行蝶形运算

1.3　紧缩数据移位指令

紧缩数据的移位操作能够加速 FFT、余弦变换等数字图像和音频信号处理算法的执行速度。

【相关专利】

（1）US5666298（Method for performing shift operations on packed data，1996 年 8 月 22 日申请，已失效）

（2）US5818739（Processor for performing shift operations on packed data，1997 年 4 月 17 日申请，已失效）

（3）US6275834（Apparatus for performing packed shift operations，1996 年 3 月 4 日申请，已失效）

（4）US6631389（Apparatus for performing packed shift operations，2000 年 12 月 22 日申请，已失效）

（5）US6738793（Processor capable of executing packed shift operations，2001 年 1 月 14 日申请，已失效）

（6）US6901420（Method and apparatus for performing packed shift operations，2003 年 7 月 18 日申请，已失效）

（7）US7480686（Method and apparatus for executing packed shift operations，2004 年 5 月 14 日申请，已失效）

（8）US7117232（Method and apparatus for providing packed shift operations in a processor，2005 年 5 月 27 日申请，已失效）

（9）US7451169（Method and apparatus for providing packed shift operations in a processor，2006 年 6 月 15 日申请，已失效）

（10）US7461109（Method and apparatus for providing packed shift operations in a processor，2007 年 6 月 6 日申请，已失效）

【相关指令】

移位指令操作将紧缩字节、字、双字或四字在操作数中移位。其中（1）～（8）指令在 MMX、SSE2、AVX 和 AVX2 指令集中均支持，（9）和（10）指令仅在 SSE2、AVX 和 AVX2 指令集推出。

（1）PSLLW（shift packed word left logical，紧缩字逻辑左移）。

（2）PSLLD（shift packed doubleword left logical，紧缩双字逻辑左移）。

（3）PSLLQ（shift packed quadword left logical，紧缩四字逻辑左移）。

（4）PSRLW（shift packed word right logical，紧缩字逻辑右移）。

（5）PSRLD（shift packed doubleword right logical，紧缩双字逻辑右移）。

（6）PSRLQ（shift packed quadword right logical，紧缩四字逻辑右移）。

（7）PSRAW（shift packed word right arithmetic，紧缩字算术右移）。

（8）PSRAD（shift packed doubleword right arithmetic，紧缩双字算术右移）。

（9）SSE2 指令集的 PSLLDQ（shift double quadword left logical，双四字逻辑左移）。

（10）SSE2 指令集的 PSRLDQ（shift double quadword right logical，双四字逻辑右移）。

【相关内容】

图 1.17 为移位指令类专利关系图。本节专利都和紧缩数据移位相关，下面分三组来介绍专利技术。

第一组专利技术（US5666298 和 US5818739）提出了紧缩数据移位指令。当移位操作执行时，源数据 1 寄存器包含需要被移位的数据，其中每个数据元素根据移位次数单独移位；源数据 2 寄存器包含移位次数（由无符号标量或紧缩数据指定源数据 1 寄存器中的每个对应数据元素位移次数）；目的寄存器包含移位结果。其中目的寄存器和源数据 1 寄存器可以相同。

专利技术支持算术移位和逻辑移位。算术移位是将每个数据元素右移，并在每个元素高阶位填充初始符号位值。当数据元素分别是字节（8 位）、字（16 位）和双字（32 位）时，若位移次数分别大于 7 位、15 位和 31 位，则数据元素每一位均由原始符号位值填充。逻辑移位分为逻辑左移和逻辑右移。当逻辑右移时，每个元素高阶位由"0"填充；当逻辑左移时，低阶位由"0"填充。

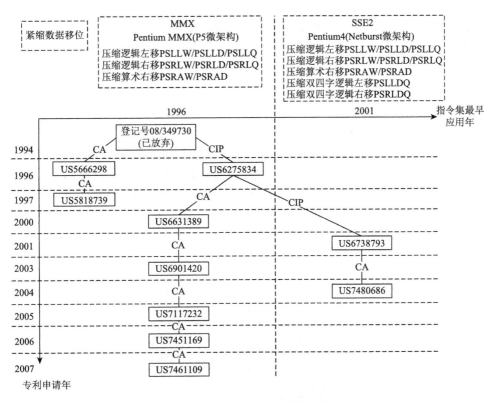

图 1.17 移位指令类专利关系图

图 1.18 为紧缩字节数据算术右移操作示例。因为移位计数是二进制 "100"，即每个字节右移 4 位，并且高四位用初始符号值填充。

源	00101010	01010101	01010101	11111111	10000000	01110000	10001111	10001000
	7	6	5	4	3	2	1	0
	移位	移位	移位	移位	移位	移位	移位	移位
	00000000	00000000	00000000	00000000	00000000	00000000	00000000	00000100
	=	=	=	=	=	=	=	=
结果	00000010	00000101	00000101	11111111	11110000	00000111	11111000	11111000
	7	6	5	4	3	2	1	0

图 1.18 紧缩字节数据算术右移操作示例

图 1.19 为紧缩数据移位操作执行方法图。首先，译码器译码控制信号，包括操作码、源操作数、目的操作数、数据粒度及有无饱和功能和符号（后两者不是必需的）；其次，译码器通过总线访问寄存器堆或存储器中数据；再次，译码器使能移位相关功能单元，并传输数据元素尺寸、移位类型和方向信息以决

定后续操作。若每个数据元素是 16 位,则执行图 1.19 中右侧分支操作。即源操作数 1 的第 15~0 位根据源操作数 2 的第 63~0 位移位,移位结果存储到目的操作数的第 15~0 位,以此类推直至所有移位结果存储到目的操作数。若每个数据元素是 8 位,则执行图中左侧分支操作;若每个数据元素是 32 位,则每个 32 位数据元素根据源操作数 2 的第 63~0 位执行移位。图 1.20 为操纵紧缩数据单个字节的移位电路。

对比第一组专利技术,第二组专利技术(US6275834、US6631389、US6901420、US7117232、US7451169 和 US7461109)新增加了一种紧缩移位电路图及其子电路和流程说明。移位电路以常规的桶形移位为基础,根据移位计数、位移类型和方向生成替换位,并替换相应位。

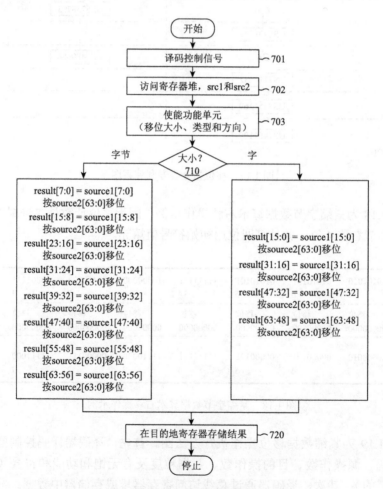

图 1.19　紧缩数据移位操作执行方法图

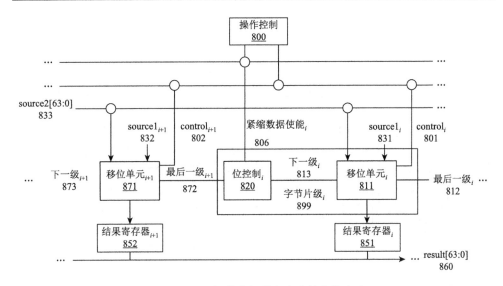

图 1.20　操纵紧缩数据单个字节的移位电路

图 1.21 为紧缩移位电路，包括移位电路、替换位生成电路、校正选择产生电路和校正电路四部分。移位电路根据 source2 的低 6 位移位计数移动 source1 数据；替换位生成电路根据控制信号分别生成每个字的符号位（紧缩字算术右移）、每个双字的符号位（紧缩双字算术右移）或 "0"（紧缩字或双字逻辑移动）；校正选择产生电路根据控制信号（移位类型和方向）和 source2 译码电路生成替换选择信号；根据替换选择信号，校正电路选择相应符号位或零并输出，如当 source2[63:6] 中任意一位为 1，即移位大于 64 时，替换选择信号选择替换位生成电路输出信号并将其作为校正电路的输出。紧缩移位电路中的子模块（固定移位电路、桶形移位器及其内的逻辑模块）的底层电路示例见虚框中电路。

图 1.22 为紧缩移位流程图。当移位计数大于被移位数据的位数时，结果数据中所有位数被替换为符号位或 "0"；当移位计数小于被移位数据位数时，结果数据中每个元素至少一位被替换。

第三组专利技术包括 US6738793 和 US7480686。该组专利技术相比第二组专利技术增加了 128 位紧缩数据的移位指令、指令格式、流程和电路，因此该组专利技术保护了 SSE2 指令集中的移位指令。

图 1.23 为 128 位紧缩数据移位操作执行方法图，图 1.24 为 128 位紧缩数据移位操作电路图。

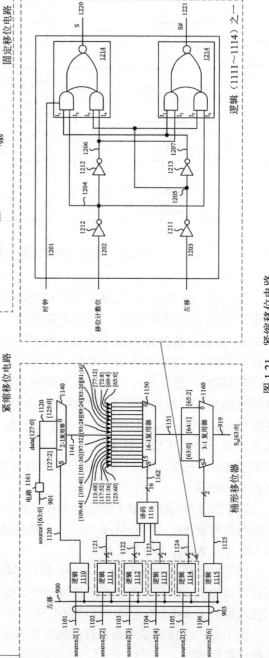

图 1.21　紧缩移位电路

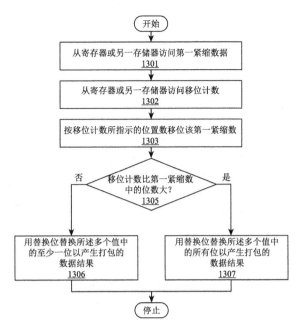

图 1.22　紧缩移位流程图

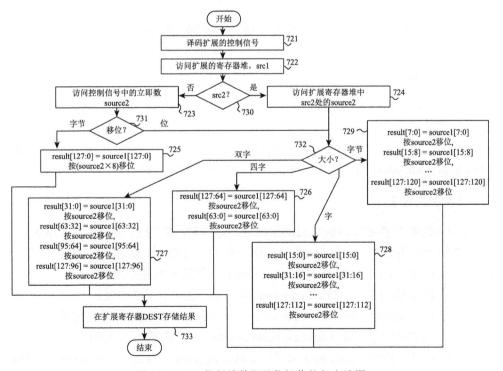

图 1.23　128 位紧缩数据移位操作执行方法图

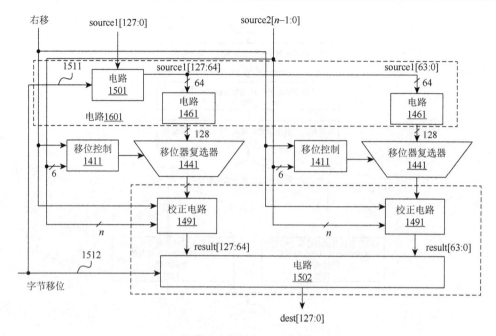

图 1.24　128 位紧缩数据移位操作电路图

1.4　紧缩数据加或减指令

【相关专利】

（1）US5835782（Packed/add and packed subtract operations，1996 年 3 月 4 日申请，已失效）

（2）US5959874（Method and apparatus for inserting control digits into packed data to perform packed arithmetic operations，1997 年 9 月 29 日申请，已失效）

【相关指令】

下列为两个紧缩数据加法或减法指令，除（4）和（12）是 SSE2、AVX 和 AVX2 指令集指令外，其他指令为 MMX、SSE2、AVX 和 AVX2 指令集的指令。

（1）(V)PADDB（add packed byte integers，紧缩字节整型加法）。

（2）(V)PADDW（add packed word integers，紧缩字整型加法）。

（3）(V)PADDD（add packed doubleword integers，紧缩双字整型加法）。

（4）(V)PADDQ（add packed quadword integers，紧缩四字整型加法）。

（5）(V)PADDSB（add packed signed byte integers with signed saturation，带溢出的紧缩带符号的字节整型加法）。

（6）(V)PADDSW（add packed signed word integers with signed saturation，带溢出的紧缩带符号的字整型加法）。

（7）(V)PADDUSB（add packed unsigned byte integers with unsigned saturation，带溢出的紧缩无符号的字节整型加法）。

（8）(V)PADDUSW（add packed unsigned word integers with unsigned saturation，带溢出的紧缩无符号的字整型加法）。

（9）(V)PSUBB（subtract packed byte integers，紧缩字节整型减法）。

（10）(V)PSUBW（subtract packed word integers，紧缩字整型减法）。

（11）(V)PSUBD（subtract packed doubleword integers，紧缩双字整型减法）。

（12）(V)PSUBQ（subtract packed quadword integers，紧缩四字整型减法）。

（13）(V)PSUBSB（subtract packed signed byte integers with signed saturation，带溢出的紧缩带符号的字节整型减法）。

（14）(V)PSUBSW（subtract packed signed word integers with signed saturation，带溢出的紧缩带符号的字整型减法）。

（15）(V)PSUBUSB（subtract packed unsigned byte integers with unsigned saturation，带溢出的紧缩无符号的字节整型减法）。

（16）(V)PSUBUSW（subtract packed unsigned word integers with unsigned saturation，带溢出的紧缩无符号的字整型减法）。

【相关内容】

本节专利技术提出了能执行两个紧缩数据对应元素相加或相减操作的微处理器、装置和方法。微处理器或装置包括三条总线，其中两条总线分别能获取两组紧缩数据，第三条总线指示执行的操作，电路连接三条总线并根据指示操作生成进位线，算术逻辑执行指示的加或减操作。紧缩数据加法操作执行方法图、紧缩数据减法操作执行方法图及执行两操作的逻辑电路图分别如图 1.25～图 1.27 所示。

1.5　紧缩数据移动指令

【相关专利】

US5935240（Computer implemented method for transferring packed data between register files and memory，1995 年 12 月 15 日申请，已失效）

【相关指令】

MMX、SSE2 和 AVX 指令集 MOVD（move doubleword）指令读/写一个紧缩双字。操作数可以存放在 32 位寄存器/内存、MMX 或 XMM 寄存器。MMX、SSE2

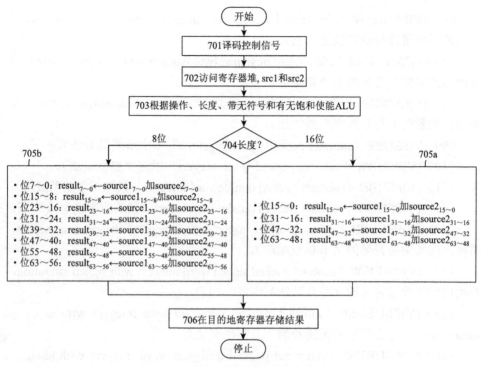

图 1.25　紧缩数据加法操作执行方法图

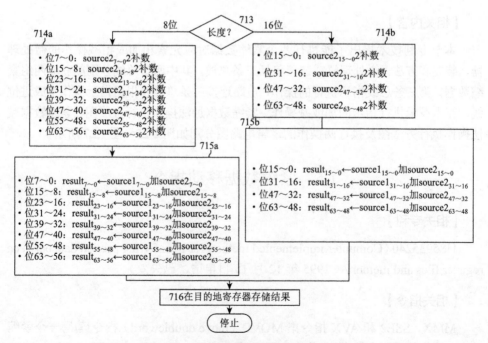

图 1.26　紧缩数据减法操作执行方法图

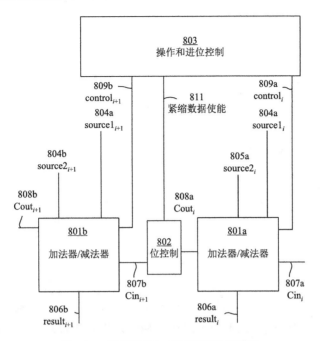

图 1.27　紧缩数据加或减法逻辑电路图

和 AVX 指令集 MOVQ（move quadword）指令读/写两个紧缩双字。操作数可以存放在 64 位寄存器/内存、MMX 或 XMM 寄存器。

【相关内容】

　　本节专利技术提出扩展紧缩寄存器堆与定点寄存器堆或存储间的数据移动的指令与方法，包含 4 个操作及对应的 4 条指令：①从扩展紧缩寄存器堆读一个紧缩双字；②写一个紧缩双字到扩展紧缩寄存器堆；③从扩展紧缩寄存器堆读两个紧缩双字；④写两个紧缩双字到扩展紧缩寄存器堆。紧缩数据移动指令操作示例如图 1.28 所示。

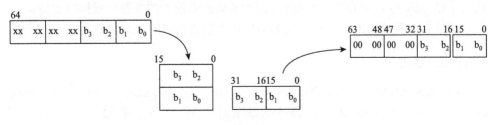

图 1.28　紧缩数据移动指令操作示例

　　由于扩展紧缩寄存器堆与定点寄存器堆分别有 8 个寄存器，为了能利用以前的指令格式（3 位寄存器寻址模式），相关指令把数据移动的方向放在操作数中确定。

　　本节专利技术提出紧缩数据移动指令格式，如图 1.29 所示，称为 MOD R/M 指令格式，包括前缀字段、操作码字段及操作数指定字段。其中操作数指定字段又包括 MOD R/M、比例-索引-基址（scale index base，SIB）、位移（displacement）、立即数（immediate）几部分。

前缀字段	操作码字段	MOD R/M	SIB	位移	立即数
510	520	530	540	550	560

图 1.29　紧缩数据移动指令格式

　　其中操作码用于定义指令操作。操作码的最低位用来确定是读写一个紧缩双字还是两个紧缩双字。操作码的第五位用来确定是读还是写。MOD R/M 用于寻址，包含 MOD、Reg 和 R/M（图 1.30）。MOD 和 R/M 合起来寻址 8 个定点寄存器或者 24 个存储器地址。Reg 寻址寄存器堆。

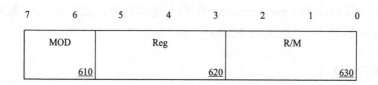

7	6	5	4	3	2	1	0
MOD		Reg			R/M		
	610			620			630

图 1.30　MOD R/M

1.6　清空 MMX 寄存器状态指令

　　当 MMX 多媒体指令集推出时，并没有增加专用的 64 位寄存器堆硬件，而是复用了已有的 80 位浮点寄存器硬件，因此需要逻辑统一的寄存器堆同时支持浮点及紧缩数据。在此情况下，执行完 MMX 指令后需要清除 MMX 状态。

【相关专利】

　　（1）US5701508（Executing different instructions that cause different data type operations to be performed on single logical register file，1995 年 12 月 19 日申请，已失效）

（2）US5835748（Method for executing different sets of instructions that cause a processor to perform different data type operations on different physical registers files that logically appear to software as a single aliased register file，1995 年 12 月 19 日申请，已失效）

（3）US5852726（Method and apparatus for executing two types of instructions that specify registers of a shared logical register file in a stack and a non-stack referenced manner，1995 年 12 月 19 日申请，已失效）

（4）US5857096（Microarchitecture for implementing an instruction to clear the tags of a stack reference register file，1995 年 12 月 19 日申请，已失效）

（5）US6170997（Method for executing instructions that operate on different data types stored in the same single logical register file，1997 年 7 月 22 日申请，已失效）

【相关指令】

EMMS（清空 MMX 寄存器状态）指令在 MMX 指令结束之后清除 MMX 寄存器标签，清空寄存器堆 MMX 状态，避免后续执行浮点指令时出现寄存器堆满及运算结果混乱的情况。

【相关内容】

本节专利技术提出将物理上分开的浮点寄存器堆和紧缩整数寄存器堆映射到逻辑上统一的一个寄存器堆的方法。紧缩寄存器堆采用直接方式寻址，浮点寄存器堆采用堆栈方式寻址。每个寄存器有对应的标签来表明寄存器是空还是非空。专利技术涵盖了系统结构的设计、寄存器堆的设计、寄存器堆中标签的设计及如何使用这些寄存器等相关内容。

US5701508 主要涉及相关软件流程：在 SIMD 指令结束之后开始后续浮点指令之前，需要：①使用 EMMS 指令来清除寄存器堆的标签，避免后续执行浮点指令出现堆栈溢出现象。②初始化浮点寄存器堆堆栈的栈顶（top of stack，TOS）位。③把寄存器堆中的数据存到存储器中。浮点指令和 MMX 指令执行过程示意图如图 1.31 所示。

US5835748 主要涉及处理器的组成。处理器包括标量浮点寄存器堆、紧缩寄存器堆和一个转换单元。转换单元负责两个寄存器堆之间的映射及在执行紧缩指令集和浮点指令集之间清空紧缩。其中一个寄存器堆作为堆栈操作的堆栈参考单元，另一个寄存器堆作为固定寄存器堆。堆栈参考单元包括 TOS 位表示浮点寄存器堆堆栈的栈顶位置。TOS 的初始化也由转换单元来实现。两个寄

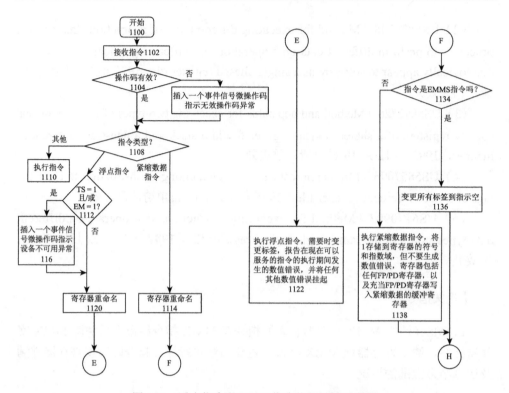

图 1.31　浮点指令和 MMX 指令执行过程示意图

存器堆还有"部分别名"的概念，只有部分有效的紧缩寄存器数据会复制到浮点寄存器堆。

US5852726 主要涉及寄存器堆的架构，用逻辑上同一个寄存器堆来支持多种数据操作，包括标量浮点操作、紧缩整数操作和标量整数操作等。寄存器堆相关架构包含两个寄存器堆及一个缓冲器寄存器堆。当数据进行操作时首先应放到缓冲器寄存器堆，然后把浮点数据放到浮点寄存器堆，把紧缩整数和标量整数数据放到定点寄存器堆。

US5857096 主要涉及相关的电路，包括：①把标签置为非空的电路，当紧缩指令写数据到紧缩寄存器时需要使用；②把标签置为空的电路，当紧缩指令序列执行完成后需要使用；③初始化堆栈的 TOS 位的电路，当浮点指令序列开始时需要使用；④由于寄存器堆中包含尾数（mantissa）和指数（exponent）部分，紧缩数据放在尾数的位置，相关电路可以把指数部分设为特定值。其中标签可以是 1 比特或 2 比特。

US6170997 专利技术提出两个寄存器堆。标量整数数据和标量浮点数据共用一个寄存器堆，紧缩浮点数据用另一个寄存器堆。图 1.32 为处理器及相关寄存器堆架构示意图。

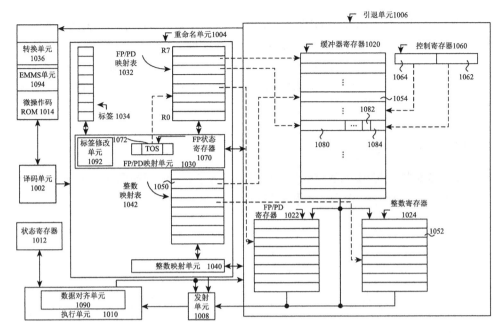

图 1.32　处理器及相关寄存器堆架构示意图

1.7　带饱和操作类指令

【相关专利】

US5959636（Method and apparatus for performing saturation instructions using saturation limit values，1996 年 2 月 23 日申请，已失效）

【相关指令】

带饱和操作的一类 SIMD 和 AVX 指令，如

（1）PACKSSWB（pack word into byte with signed saturation）。

（2）PACKSSDW（pack doubleword into word with signed saturation）。

（3）PACKUSWB（pack words into byte with unsigned saturation）。

（4）PADDSB（add packed signed byte integers with signed saturation）。

（5）PADDSW（add packed signed word integers with signed saturation）。

（6）PADDUSB（add packed unsigned byte integers with unsigned saturation）。

（7）PADDUSW（add packed unsigned word integers with unsigned saturation）。

（8）PSUBSB（subtract packed signed byte integers with signed saturation）。

（9）PSUBSW（subtract packed signed word integers with signed saturation）。

（10）PSUBUSB（subtract packed unsigned byte integers with unsigned saturation）。

（11）PSUBUSW（subtract packed unsigned word integers with unsigned saturation）。

（12）SSE4.1 指令集 PACKUSDW（packs dword to word with unsigned saturation）。

【相关内容】

本节专利技术提出处理 SIMD 饱和指令的方法，其流程如图 1.33 所示，包括：

（1）判断该指令是否为带饱和的指令；

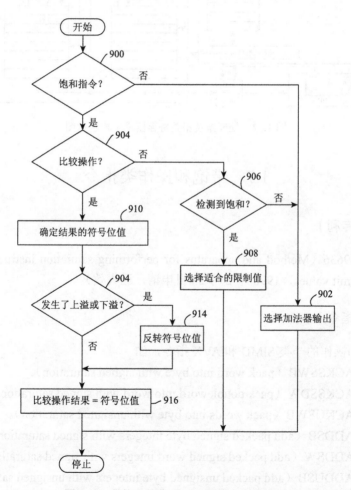

图 1.33　带饱和操作类 SIMD 指令执行流程

（2）若是带饱和的指令，则根据操作类型及结果判断是否有溢出。其中针对不同的数据格式设置不同的限制值，若检测到有溢出，则选择相应的限制值；若没有溢出，则选择实际的结果。

1.8　紧缩数据数量统计指令

数量统计指令可以用于安全数据校验领域，用来计算汉明距离[①]。

【相关专利】

（1）US5541865（Method and apparatus for performing a population count operation，1995 年 7 月 6 日申请，已失效）

（2）US6070237（Method for performing population counts on packed data types，1996 年 3 月 4 日申请，已失效）

【相关指令】

紧缩数据指令 POPCNT[②]。手册[③]未公开相关指令。

【相关内容】

本节专利技术提出了紧缩数据统计（位 1 计数）指令执行方法和电路等。数据统计指令计算紧缩数据中每个元素中 1 的个数。

图 1.34 为紧缩数据统计指令源操作数和目的操作数，可见源操作数为包含 4 个 16 位数据元素的紧缩数据（二进制），以从右到左的顺序，对于第 0、1、2、3 数据元素，计 1 结果分别是 7、15、16、6，并将其存入目的操作数对应数据元素中。

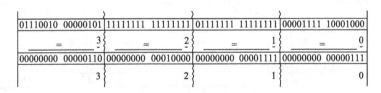

图 1.34　紧缩数据统计指令源操作数和目的操作数

---

① 汉明距离表示两个相同长度字符串 x、y 对应位不同的数量，用 $d(x, y)$ 表示。执行两个字符串的异或运算，运算结果中"1"的个数即为两个字符串的汉明距离。

② 英特尔公司在 SSE4.2 指令集推出了相同的助记符 POPCNT 指令，用于计算通用寄存器或存储位置存储 1 的个数。专利技术的紧缩数据 POPCNT 指令可以计算紧缩数据，数据来源为 SIMD 寄存器，与 SSE4.2 指令集的 POPCNT 指令不同。

③ 本书所称手册均指 Intel Corporation. Intel® 64 and IA-32 Architectures Software Developer's Manual. September 2014. Order Number：253665-052US.（第 10 章除外）。

　　图 1.35 和图 1.36 是紧缩数据数量统计电路框图和 POPCNT 电路图。源数据源 1 是由 4 组 16 位数据元素组成的紧缩数据。每组数据元素分别进入一个 POPCNT 电路，算术逻辑单元控制模块的控制信号使能 POPCNT 电路计算 4 组数据中各自 1 的个数，并输出结果。

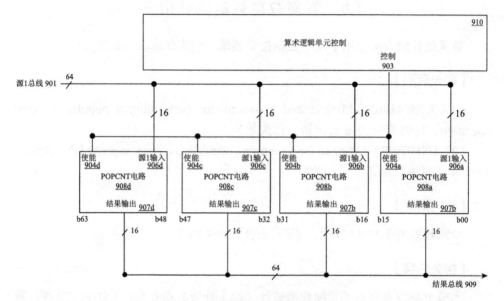

图 1.35　紧缩数据数量统计电路框图

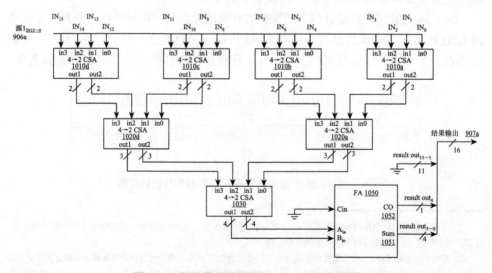

图 1.36　紧缩数据数量统计 POPCNT 电路图

　　如图 1.36 所示，输入为 16 位紧缩数据的 POPCNT 电路由三级进位保留加法

器（carry-save adder，CSA）和一个全加器（full adder，FA）组成。第一级四个
CSA 将 1 个数据元素分成 4 部分，分别相加得到 2 组结果，然后送入第二级两个
CSA，再得出 4 组 3 位数据并送入第三级 CSA，生成 2 组 4 位数据并输入全加器，
全加器得出 5 位结果，最后将剩余高位补充 0，输出 16 位结果数据。其中 CSA
为 4→2 型，即四输入两输出，也可以为其他类型，例如，3→2。

1.9　MMX 指令序列应用

MMX 相关专利技术除了涉及单条或单类指令，还有一些同期专利技术使用
MMX 指令序列优化某些常用运算。

1.9.1　复数滤波和复数乘累加

【相关专利】

（1）US5936872（Method and apparatus for storing complex numbers to allow for
efficient complex multiplication operations and performing such complex multiplication
operations，1995 年 12 月 20 日申请，已失效）

（2）US5983253（Computer system for performing complex digital filters，1995 年
12 月 20 日申请，已失效）

（3）US6058408（Method and apparatus for multiplying and accumulating complex
numbers in a digital filter，1995 年 12 月 20 日申请，已失效）

【相关指令】

MMX 指令序列包含紧缩数据乘加、打包、拆开（交织）、移位、异或、加减等。

【相关内容】

多媒体应用领域的调制解调器、雷达、电视、电话传输数据中常用的同相
和异相信号通常会用复数形式表示。数字离散时间滤波器中需要很多复数乘累
加运算。由于芯片面积有限，MMX 指令集只能新增通用性强的指令，其中并不
包含单条累加指令。在 MMX 指令集被推出之前，CPU 通常分派数字信号处理器
（digital signal processor，DSP）来完成乘累加运算，而 DSP 计算复数乘累加通常
需要数十条指令。通过将复数表示为紧缩数据格式，本节专利技术可以让 CPU 使
用少量 MMX 指令序列实现复数乘累加运算，能够节省运算时间。其中复数的合
理安排方式可以仅使用一条紧缩数据乘加指令完成两个复数乘法运算。

图 1.37 是两个复数 $a = a_r + a_i i$，$b = b_r + b_i i$ 分别将实部和虚部（经过一定处理转换后）存成两组共 8 个元素的紧缩数据，并完成乘累加的操作示例。如图 1.38 所示，乘累加操作分成紧缩数据乘加和紧缩数据加法两个指令执行。

图 1.39 展示了复数 a 的两种紧缩数据存储方法，图 1.40 展示了复数 b 的紧缩数据存储方法。复数 a 经过一定的指令变换后最终都存储为 a_r，a_i，a_r，a_i 的

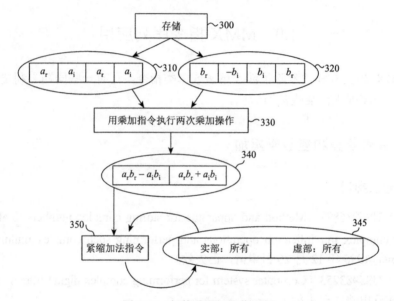

图 1.37　复数乘累加操作示例

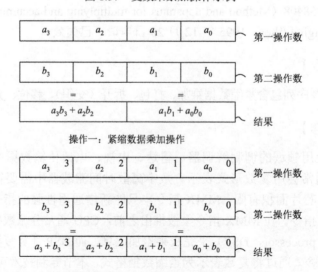

操作一：紧缩数据乘加操作

操作二：紧缩数据加法操作

图 1.38　紧缩数据乘加和加法操作示例

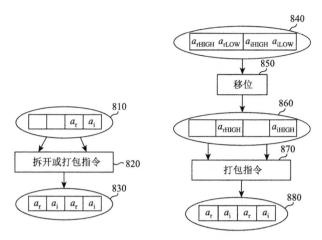

图 1.39　复数 a 的两种紧缩数据存储方法

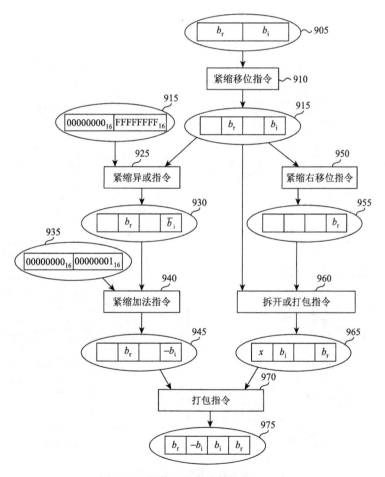

图 1.40　复数 b 的紧缩数据存储方法

格式（图 1.37 中 310 格式），复数 b 最终存储为 b_r，$-b_i$，b_i，b_r 格式（图 1.37 中 320 格式），以便后续用于紧缩数据乘加运算。

紧缩数据打包、拆开、加法和移位操作如图 1.39 和图 1.40 所示。打包和拆开指令及操作详见 1.1 节，移位指令和操作详见 1.2 节。

专利技术还可以加速复数 FIR 滤波，如图 1.41 所示。FIR 滤波器的等式表示如下：

$$y(k) = \sum_{n=0}^{L-1} c(n)x(k-n)$$

复数变量 $y(k)$ 表示滤波器当前输出采样值，存储成两个 32 位数据元素（第 1 个实部，…，第 0 个虚部）的紧缩数据，输入值 $c(n)$ 是预置的第 n 个滤波器的系数，常数 L 是 $c(n)$ 中系数的数量，输入值 $x(k-n)$ 表示输入序列的第 n 个过去的值（也称为样本）。图 1.41 中右半部分是更新系数（1075）操作的细化，使用了复数最

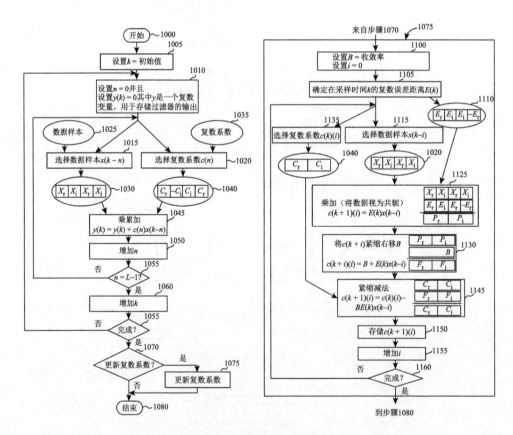

图 1.41　复数 FIR 滤波

小均方（least means square，LMS）算法。该算法通过最小化误差信号的均方值修正滤波器系数，以模拟理想滤波器的自适应滤波器，其中作为修正依据的误差信号为理想参考信号与实际输出信号之差。

1.9.2　两紧缩数据对应元素求差的绝对值运算

【相关专利】

US6036350（Method of sorting signed numbers and solving absolute differences using packed instructions，1997 年 5 月 20 日申请，已失效）

【相关指令】

指令序列先后包含：

（1）PCMPGTW（compare packed signed word integers for greater than，比较紧缩带符号字整数）。

（2）PXOR（bitwise logical exclusive OR，按位逻辑异或）。

（3）PAND（bitwise logical AND，按位逻辑与）。

（4）PSUBW（subtract packed word integers，紧缩字整数减法）。

【相关内容】

本节专利技术提出一种 SIMD 指令序列进行两个紧缩数据对应数据元素差的绝对值计算的方法，本节专利技术通过避免使用现有技术所需的比较及跳转指令，提高了处理器的性能。其过程与指令操作示例见图 1.42 和图 1.43，包括如下四步：

（1）通过 PCMPGTW 指令来比较紧缩数据 X 和紧缩数据 Y 中每个数据的大小，产生全 1 或者全 0 的掩码。通过 PXOR 指令进行紧缩数据的异或操作产生 T_1。

（2）利用 PAND 指令对掩码和 T_1 进行紧缩数据逻辑与操作，产生 T_2。

（3）T_2 分别在 X 和 Y 进行 PXOR 操作，得到了分类后的数据 MIN 和 MAX。

（4）对 MAX 和 MIN 数据进行紧缩数据的减操作（PSUBW），得到两个紧缩数据对应数据元素的差的绝对值结果。

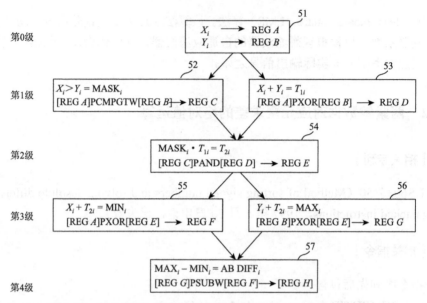

图 1.42　利用 SIMD 指令序列求紧缩数据差的绝对值计算的过程

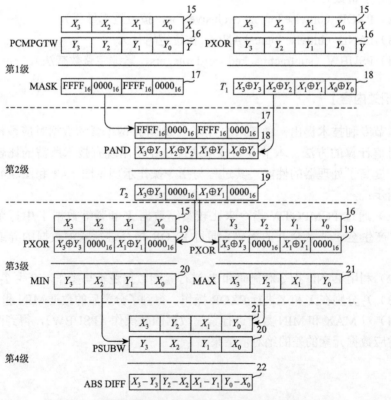

图 1.43　求紧缩数据差的绝对值 SIMD 指令序列操作示例

第 2 章　流式传输 SIMD 扩展指令集专利技术

流式传输 SIMD 扩展（streaming SIMD extension，SSE）指令集最早在 1999 年奔腾Ⅲ（P6 微结构）处理器上推出，包含 70 条指令。其中有 50 条 SIMD 浮点运算指令，12 条 MMX 整数运算增强指令和 8 条传输指令。SSE 指令集对早期的多媒体应用，如图像处理、浮点运算、二维和三维运算、运动视频、语音识别等起到了全面提升性能的作用。

SSE 指令又分成四个大类：SIMD 单精度浮点指令；64 位 SIMD 整型指令；多媒体扩展控制及状态寄存器（MXCSR）状态管理指令；缓存能力控制和预取指令和顺序指令。除了 MXCSR 状态管理指令没有单独的指令格式相关专利，其他三类都有若干件对单条指令格式的专利保护。2.1 节主要介绍 SIMD 单精度浮点指令；2.2 节介绍 SSE 64 位 SIMD 整型指令；2.3 节介绍缓存能力控制和预取指令；2.4 节介绍 SSE 指令序列应用：矩阵乘法加速。

2.1　SIMD 单精度浮点指令

2.1.1　高位或低位紧缩单精度浮点数移动指令

【相关专利】

US6307553（System and method for performing a MOVHPS-MOVLPS instruction，1998 年 3 月 31 日申请，已失效）

【相关指令】

（1）MOVHPS（move high packed single-precision floating-point values，移动高位紧缩单精度浮点值）指令将两个紧缩单精度浮点值从源操作数（第二操作数）移动到目的操作数（第一操作数）。源操作数与目的操作数可以是 XMM 寄存器或 64 位内存位置。指令用于在 XMM 寄存器的高位四字与内存之间移动两个单精度浮点值，不能用于寄存器之间或内存之间的移动。当目的操作数是 XMM 寄存器时，寄存器的低位四字保持不变。MOVHPS 指令包括 SSE 指令集的两条指令，加载和存储各一条；也包括 AVX 指令集的两条指令（VMOVHPS），加载和存储各一条。

（2）MOVLPS（move packed single-precision floating-point values low to high，移动低位紧缩单精度浮点值）指令将两个紧缩单精度浮点值从源操作数（第二操作

数）移动到目的操作数（第一操作数）。源操作数与目的操作数可以是 XMM 或 64 位内存位置。MOVLPS 指令用于在 XMM 寄存器的低位四字与内存之间移动两个单精度浮点值，不能用于寄存器之间或内存之间的移动。当目的操作数是 XMM 寄存器时，寄存器的高位四字保持不变。MOVLPS 指令包括 SSE 指令集的两条指令，加载和存储各一条；也包括 AVX 指令集的两条指令（VMOVLPS），加载和存储各一条。

【相关内容】

本节专利技术提出了一种对紧缩数据执行 MOVHPS 和 MOVLPS 指令操作的计算机实现方法与装置。该实现方法针对两个紧缩数据，第一个紧缩数据包含一对数据元素，第二个紧缩数据包含两对数据元素，通过指令执行，第二个紧缩数中的其中一对数据元素被第一个紧缩数据的一对数据元素替代。若响应 MOVHPS 执行，则替代一对高位元素；若响应 MOVLPS 执行，则替代一对低位元素。SSE 指令集的 MOVHPS 和 MOVLPS 指令限定操作数是紧缩单精度浮点数，但专利技术提出操作数可以为紧缩浮点数和紧缩整型数，并未限定为紧缩单精度浮点数。

基于专利技术的两个示例 MOVHPS 和 MOVLPS 指令操作执行图如图 2.1 所示。

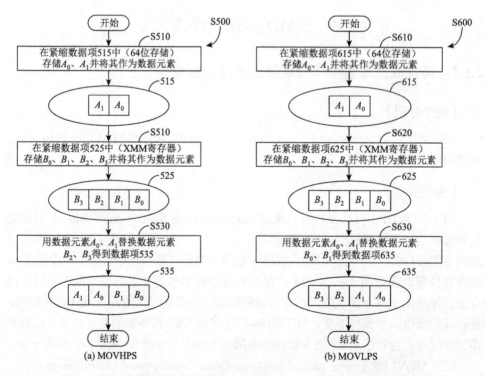

图 2.1　基于专利技术的两个示例 MOVHPS 和 MOVLPS 指令操作执行图

2.1.2　紧缩浮点混洗指令

【相关专利】

US6041404（Dual function system and method for shuffling packed data elements，1998 年 3 月 31 日申请，已失效，中国同族专利 CN 1158613C）

【相关指令】

（1）SSE 指令集 SHUFPS（shuffles values in packed single-precision floating-point operands，紧缩单精度浮点操作数混洗）操作将目的操作数（第一操作数）中的紧缩单精度浮点操作数四个元素（4×32 位）中的两个移动到目的操作数的低四字（2×32 位）位置；将源操作数（第二操作数）中的紧缩单精度浮点操作数四个元素中的两个移动到目的操作数的高四字（2×32 位）位置。选择操作数（第三操作数）决定哪些值被移动到目的操作数。

（2）SSE2 指令集 SHUFPD（shuffles values in packed double-precision floating-point operands，紧缩双精度浮点操作数混洗）操作将目的操作数（第一操作数）中的紧缩双精度浮点操作数两个元素（2×64 位）中的一个移动到目的操作数的低四字（1×64 位）位置；将源操作数（第二操作数）中的紧缩双精度浮点操作数两个元素（2×64 位）中的一个移动到目的操作数的高四字（1×64 位）位置。选择操作数（第三操作数）决定哪些值被移动到目的操作数。

（3）AVX 指令集 VSHUFPS（VEX.128 编码）指令操作类似 SHUFPS 操作。

（4）AVX 指令集 VSHUFPD（VEX.128 编码）指令操作类似 SHUFPD 操作。

【相关内容】

在三维图形和信号处理等应用中，常常采用点积和矩阵乘法运算。在这些运算使用前通常需要将寄存器或存储器内的数据元素重新排列次序，因此需要数据混洗指令。掩码或者控制字通常被用于指示如何混洗数据。如果控制字未包含足够的位那么不能支持所有数据元素的重混洗。专利技术提出了一种控制字位数小于所有数据元素数量的混洗指令和操作，具有至少两个数据元素的操作数即可实现该专利技术。

如图 2.2 所示，混洗操作以每个操作数包含 4 个单精度浮点数为例。混洗指令能够将多个单精度浮点数据元素组成的第一源操作数中的任意一个数据元素移动到目的操作数中两个较低数据元素位置，同时将多个单精度浮点数据元素组成的第二源操作数中的任意一个数据元素移动到目的操作数中两个较高数据元素位置。专利技术的目的操作数来源是两个源操作数（可以和目的操作数复用）的部分合并。

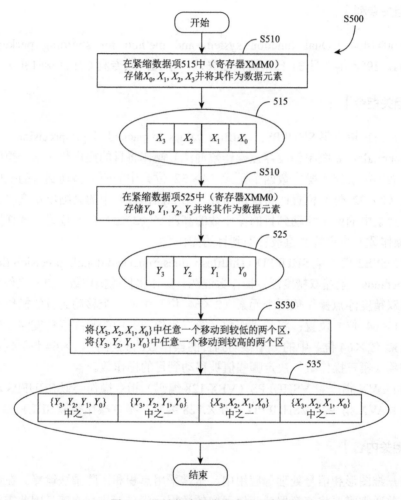

图 2.2　混洗指令操作寄存器示意图

其中，8 位立即数（imm8）作为控制字，指示源操作数中哪些数据元素需要移动及移动后的位置。imm8[1:0]指示第一源操作数中哪个数据元素移动到目的操作数的第一个（最低）数据元素位置，imm8[3:2]指示第一源操作数中哪个数据元素移动到目的操作数的第二个数据元素位置，imm8[5:4]指示第二源操作数中哪个数据元素移动到目的操作数的第三个数据元素位置，imm8[7:6]指示第二源操作数中哪个数据元素移动到目的操作数的第四个数据元素位置。由于控制字的可用位数少，控制字中没有用于指示存储到目的操作数任意位置的位数[①]。

图 2.3 为混洗操作示意图。专利技术混洗操作可以应用于电视广播信号数字滤波和三维动画中的图像物体渲染。其中处理器和软件利用混洗操作可以实现数字滤波；混洗操作也可以通过修改比例、旋转等使三维物体更生动。

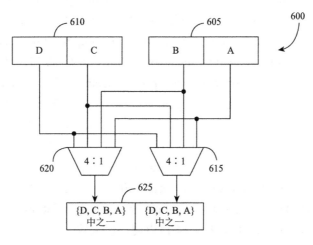

图 2.3　混洗操作示意图

2.1.3　SSE 单精度浮点数交织拆开指令

参见 1.1 节紧缩数据打包和拆开指令，相关指令为 UNPCKHPS 和 UNPCKLPS，相关专利序号为（1）、（2）、（5）、（7）、（9）和（11）。

2.1.4　不同寄存器结构的多种整数和浮点数互相转换

在处理多媒体流数据时，如三维图形处理，经常需要用到浮点运算。然而，送入点阵电路表征色彩的数据由整型格式表示。因此，为了完成一帧图像的处理，需要进行频繁的浮点数与整型数的格式转换。英特尔在 SSE 指令集中最早推出了紧缩浮点数和整型数据的转换指令，在 SSE2 和 AVX 指令集中也推出了类似指令，或进行了指令扩展。

---

① 2.1.2 节相关指令需要和 AVX 指令集的 VPERM2F128 指令进行区分。执行 VPERM2F128 指令同样可以将来自两个源操作数的四个数据元素混洗到目的操作数。由于控制字位数足够，VPERM2F128 指令的控制字可以将四个数据元素存储到目的操作数中任意的高位或低位。

【相关专利】

（1）US6292815（Data conversion between floating point packed format and integer scalar format，1998 年 4 月 30 日申请，已失效）

（2）US6247116（Conversion from packed floating point data to packed 16-bit integer data in different architectural registers，1998 年 4 月 30 日申请，已失效）

（3）US6266769（Conversion between packed floating point data and packed 32-bit integer data in different architectural registers，1998 年 4 月 30 日申请，已失效）

（4）US6502115（Conversion between packed floating point data and packed 32-bit integer data in different architectural registers，2001 年 4 月 27 日申请，已失效）

（5）US6263426（Conversion from packed floating point data to packed 8-bit integer data in different architectural registers，1998 年 4 月 30 日申请，已失效）

（6）US6480868（Conversion from packed floating point data to packed 8-bit integer data in different architectural registers，2001 年 4 月 27 日申请，已失效）

（7）US7216138（Method and apparatus for floating point operations and format conversion operations，2001 年 2 月 14 日申请，已失效）

【相关指令】

相关指令为分布在 SSE、SSE2 和 AVX 三个指令集不同寄存器结构的标量与浮点互相转换指令。转换包括：①一个标量整型和一个紧缩浮点数互相转换；②紧缩整型和紧缩浮点数互相转换。其中紧缩浮点数又包括双精度和单精度两种。标量和浮点互相转换指令如图 2.4 所示。

【相关内容】

本节专利技术提出在一种寄存器结构中存储的整数和另一种寄存器结构中存储的浮点数的互相转换的方法、处理器、装置、单条指令、可读媒介存储的指令序列及计算机并行处理组合图像颜色数据的实现方法。

专利技术中的寄存器为程序可见寄存器，包括专用的物理寄存器、使用寄存器重命名动态分配的物理寄存器、专用的组合和动态分配的物理寄存器。图 2.5 为处理器的高速缓存架构。其中，标量寄存器堆 414 中每个寄存器可以存放 32 位标量整型数，可以对应英特尔公司 x86 架构通用寄存器；多媒体寄存器 410 可以存放 8 个 64 位紧缩整型数，可以对应 MMX 寄存器；多媒体扩展寄存器 412 可以存放 8 个 128 位紧缩浮点数，可以对应 XMM 寄存器。图 2.6 为寄存器堆和相应转换指令。

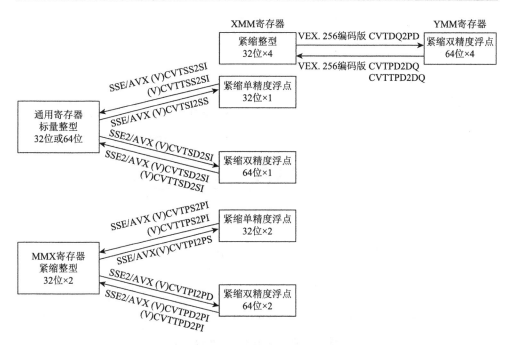

图 2.4　标量和浮点互相转换指令

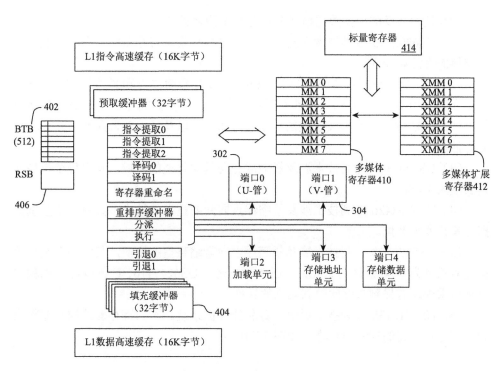

图 2.5　处理器的高速缓存架构

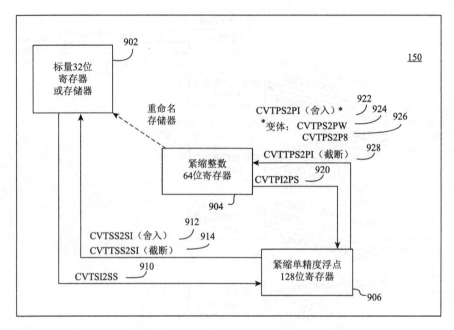

图 2.6　寄存器堆和相应转换指令

　　专利技术涉及的转换数据格式和寄存器不同之处如下所示。

　　（1）US6292815 专利技术涉及一个标量整型与紧缩寄存器中一个浮点数的互相转换的方法和处理器。

　　（2）US6266769 和 US6502115 专利技术涉及紧缩浮点和紧缩整型的互换。区别在于 US6502115 专利技术涉及互换的装置，以及紧缩浮点向紧缩整型转换的方法；而 US6266769 涉及互换的机器可读媒介，以及紧缩整型向紧缩浮点转换的方法。

　　（3）US6247116 专利技术涉及紧缩浮点向紧缩整型的转换，其中每个整型元素长度为 16 位。

　　（4）US6263426 专利技术涉及紧缩浮点向紧缩整型的转换，其中每个整型数据元素长度为 8 位。

　　（5）US6480868 专利技术涉及紧缩浮点向紧缩整型的转换，其中每个整型数据元素长度为 8 位或 16 位。此外，还涉及补充了 US6247116、US6263426 的独立权利要求中没有提到长度的数据元素的转换。

　　（6）US7216138 专利技术提出装置和计算机系统。不同寄存器结构紧缩整型和紧缩浮点互转的控制信号格式如图 2.7 所示。

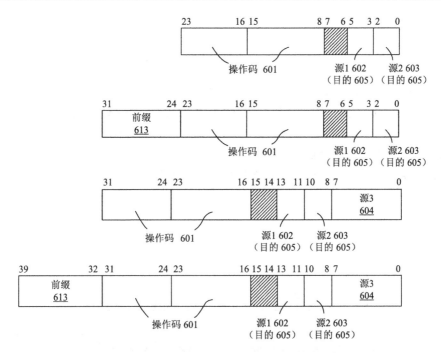

图 2.7 不同寄存器结构紧缩整型和紧缩浮点互转的控制信号格式

源 1、源 2 分别为源 1 操作数、源 2 操作数的省略

2.2 SSE 64 位 SIMD 整型指令

SSE 指令集增加了若干条 64 位紧缩整型指令，这些指令对 MMX 寄存器和 64 位存储位置中的数据进行了操作。

2.2.1 紧缩绝对差值之和指令

【相关专利】

（1）US6243803（Method and apparatus for computing a packed absolute differences with plurality of sign bits using SIMD add circuitry，1998 年 3 月 31 日申请，已失效）

（2）US6377970（Method and apparatus for computing a sum of packed data elements using SIMD multiply circuitry，1998 年 3 月 31 日，已失效）

（3）US7516307（Processor for computing a packed sum of absolute differences and packed multiply-add，2001 年 11 月 6 日申请，已失效）

【相关指令】

PSADBW（compute sum of absolute differences，计算绝对值差的和）指令计算两个 SIMD 源操作数各自对应的无符号数据元素差值的绝对值，再将绝对值相加的和存入目的操作数的低字。SSE、SSE2、AVX、AVX2 指令集均有该助记符的指令。区别在于指令包含的紧缩整型操作数的个数和长度，依次分别为两个操作数和 64 位、两个操作数和 128 位、三个操作数和 128 位、三个操作数和 256 位。64 位操作数 PSADBW 指令操作如图 2.8 所示。

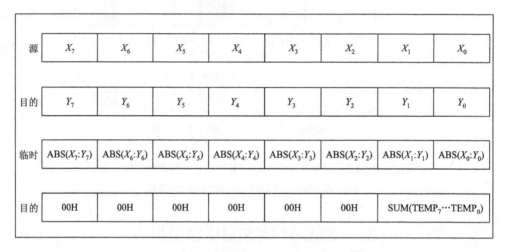

图 2.8　64 位操作数 PSADBW 指令操作[2]

此外，专利相关操作（微代码）有 PABSRC、PSUBWC/PABSRC、PADDH、PMAD、PMAX 和 PMIN（详见相关内容）。

【相关内容】

本节专利技术提出一种在不增加执行时间和不过多增加芯片面积的前提下，执行紧缩数据绝对值差值之和的 PSAD 指令和操作的方法。核心思想是将该指令转化为多条紧缩数据微指令并利用已有的电路完成 PSAD 操作。该指令适用于视频应用（如 MPEG 编码），可以用于加速和简化编程。

专利技术给出三种具体方法。以 $R = \sum_{i=0}^{7} |D_i - E_i|$ 为例，求紧缩（无符号）数据 D 和 E 绝对差值之和 R，每个紧缩数据包含 8 个数据元素，下标 i 代表紧缩数据第 i 个数据元素。下面的微操作或指令都需要系统有对应译码单元支持指令集译码。

1. 方法 1（表 2.1 和图 2.9）

表 2.1　方法 1 微操作和说明

步骤	微操作	说明
1	PSUBWC $F \leftarrow D$, E	$F_i = D_i - E_i$，进位 C_i 指示 F_i 的符号正负； （PSUBWC：紧缩数据减并写进位）
2	PABSRC $G \leftarrow 0$, F	若 C_i 非负，则 $G_i = 0 + F_i$；若 C_i 为负，则 $G_i = 0 - F_i$； （PABSRC：求绝对值并读进位）
3	PADDH $R \leftarrow G$, 0	$R = \sum_{i=0}^{7} \mid G_i - 0 \mid$ （PADDH：紧缩元素水平加法）

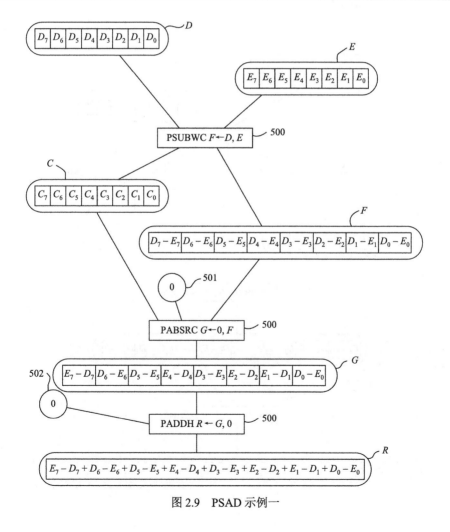

图 2.9　PSAD 示例一

2. 方法 2（表 2.2 和图 2.10）

表 2.2　方法 2 微操作和说明

步骤	微操作	说明
1	PMAX $M \leftarrow D$, E	M_i 是 D_i 和 E_i 中较大的值； （PMAX：取最大值）
2	PMIN $N \leftarrow D$, E	N_i 是 D_i 和 E_i 中较小的值； （PMIN：取最小值）
3	PSUB $G \leftarrow M$, N	$G_i = M_i - N_i$ （PSUB：减法）
4	PADDH $R \leftarrow G$, 0	$R = \sum_{i=0}^{7} \| G_i - 0 \|$ （PADDH：紧缩元素水平加法指令）

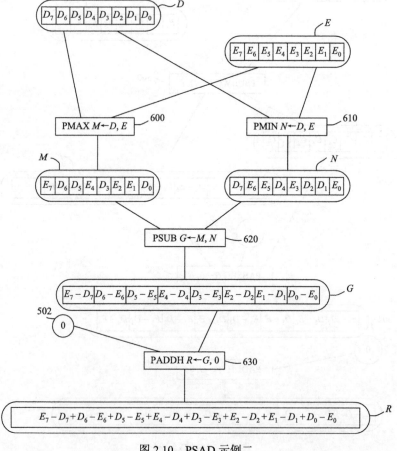

图 2.10　PSAD 示例二

3. 方法 3（表 2.3 和图 2.11）

表 2.3　方法 3 微操作和说明

步骤	微操作	说明
1	PSUBS $M{\leftarrow}D$, E	若 $D_i > E_i$，则 $M_i = D_i - E_i$; 若 $D_i < E_i$ 或相等，则 $M_i = 0$ （PSUBS：带饱和控制的紧缩数减法）
2	PSUBS $N{\leftarrow}E$, D	若 $E_i > D_i$，则 $N_i = E_i - D_i$; 若 $E_i < D_i$ 或相等，则 $N_i = 0$
3	Bitwise OR $G{\leftarrow}M$, N	$G_i = M_i$ OR N_i，某数和 0 或运算等于该数 （Bitwise OR：按位或运算）
4	PADDH $R{\leftarrow}G$, 0	$R = \sum\limits_{i=0}^{7} \lvert G_i - 0 \rvert$ （PADDH：紧缩元素水平加法指令）

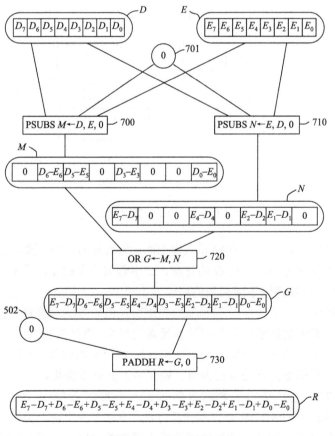

图 2.11　PSAD 示例三

本节专利技术给出了方法 1 相关的三条指令：PABSRC 的流程图；PSUBWC/PABSRC 复用数据元素单元和 8 组数据元素阵列电路图；PMAD（紧缩数据乘加）复用的 PADDH 装置相关电路图。

PADDH 装置的电路图如图 2.12 所示。当 CNTR2 信号解除时，该电路执行 PMAD 操作，即总线数据 1140 和 1141 对应数据元素相乘，乘积的高低位在加法器树中分别相加并输出结果。加法器数是进位保留加法器树，该树中包含先行进位加法器。

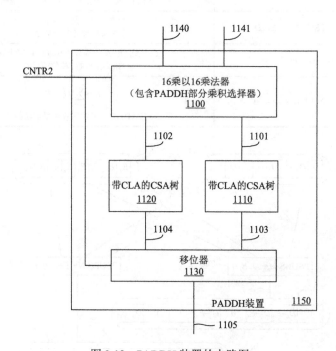

图 2.12　PADDH 装置的电路图

当 CNTR2 信号插入时，1140 输入前面的紧缩数据 G，1141 输入 $Z = 0$，PADDH 装置执行水平加法操作。根据 G 的宽度，G 中数据元素的宽度及 CSA 树的不同，PADDH 装置中可以使用不同类型的移位器。

US6243803 主要提出了计算紧缩数据绝对差值的方法和装置。方法主要是计算两个无符号紧缩数据的每个对应数据元素的差值，并存放到结果和符号指示位；根据符号指示位的两种不同情况（如正和负），将对应差值结果相加或相减（若符号位为非负，则相加；若符号位为负，则相减）并存放结果。

US6377970 主要提出了紧缩数据元素水平加法微操作 PADDH，以及带 CNTR2 信号插入的 PADDH 装置和计算方法。方法是在有部分乘积选择器的乘法器中生成部分乘积，用部分乘积选择器插入紧缩数据每个元素到对应的位置，将这些元素相加得到一个结果，该结果包含了数据元素的和。

US7516307 主要提出了前面所述的方法 1（将 PSAD 指令译码成若干微操作），即将 PSAD 指令分为 PABSRC、PSUBWC/PABSRC 和 PADDH 操作。

2.2.2　插入和提取指令

SSE 指令集引入了两类新的 SIMD 数据重排操作，即插入和提取操作，其中提取操作是插入操作的相反操作。最早推出的是插入字（16 位整型数据）与提取字指令 PINSRW 和 PEXTRW，并且在后续的扩展指令集 SSE2 和 SSE4.1 及高级适量扩展指令集 AVX 中扩展了操作数类型与字长。

SIMD 插入和提取操作主要用于图形硬件单元传输数据到另一台计算机或显示器及三维图形显示。

【相关专利】

US7133040（System and method for performing an insert-extract instruction，1998 年 3 月 31 日申请，已失效）

【相关指令】

SIMD 插入和提取指令如表 2.4 所示，其中第 1~5 项是插入类指令，第 6~10 项是提取类指令。从操作数类型来看，除了第 5 项和第 10 项为单指令多数据单精度浮点数，其他指令操作数均为单指令多数据整型数。从插入或提取的数据元素类型来看，第 1 项和第 6 项为字节，第 2 项和第 7 项为字，第 3 项和第 8 项为双字，第 4 项和第 9 项为四字，第 5 项和第 10 项为单精度浮点数（32 位）。从被插入的目的操作数或提取的源操作数字长来看，除了 SSE 指令集中的 PINSRW 和 PEXTRW 是存放在 MMX 寄存器的 64 位操作数，其他均为 128 位操作数，存放在 XMM 寄存器中。

表 2.4　SIMD 插入和提取指令

	指令	指令集				操作数类型
		SSE	SSE2	SSE4.1	AVX	
1	(V)PINSRB			√	√	SIMD 整型
2	(V)PINSRW	√	√		√	SIMD 整型
3	(V)PINSRD			√	√	SIMD 整型
4	(V)PINSRQ			√	√	SIMD 整型
5	(V)INSERTPS			√	√	SIMD 单精度浮点

指令		指令集				操作数类型
		SSE	SSE2	SSE4.1	AVX	
6	(V)PEXTRB			√	√	SIMD 整型
7	(V)PEXTRW	√	√	√	√	SIMD 整型
8	(V)PEXTRD				√	SIMD 整型
9	(V)PEXTRQ				√	SIMD 整型
10	(V)EXTRACTPS			√	√	SIMD 单精度浮点

（1）、（3）和（4）的(V)PINSRB/(V)PINSRD/(V)PINSRQ：SSE4.1 指令集的 PINSRB/PINSRD/PINSRQ（insert byte/dword/qword，插入字节/双字/四字）指令复制源操作数（第二操作数）中的一个字节/双字/四字，并将它插到目的操作数（第一操作数）中由 8 位立即数（第三操作数）指定的位置（目的寄存器中的其他字保持不变）。源操作数可以是通用寄存器或内存位置。（当源操作数是通用寄存器时，PINSRB 复制寄存器低位字）。目的操作数是 XMM1 寄存器。AVX 指令集的 VPINSRB/VPINSRD/VPINSRQ 指令操作和 PINSRB/PINSRD/PINSRQ 类似，不同之处是有四个操作数，目的操作数和源操作不复用。

（2）(V)PINSRW：SSE、SSE2 指令集的 PINSRW（insert word，插入字）指令复制源操作数（第二操作数）中的一个字，并将它插到目的操作数（第一操作数）中由 8 位立即数（第三操作数）指定的位置（目的寄存器中的其他字保持不变）。源操作数可以是通用寄存器或 16 位内存位置。（源操作数是通用寄存器时，复制寄存器的低位字）。目的操作数可以是 MMX 寄存器（SSE 指令集）或 XMM 寄存器（SSE2 指令集）。AVX 指令集的 VPINSRW 指令操作和 PINSRW 类似，不同之处是有四操作数，目的操作数和源操作不复用。

（5）(V)INSERTPS 指令（insert packed single precision floating-point value，插入紧缩单精度浮点值）。

（6）、（8）和（9）的(V)PEXTRB/(V)PEXTRD/(V)PEXTRQ：SSE4.1 指令集的 PEXTRB/PEXTRD/PEXTRQ（extract byte/dword/qword，提取字节/双字/四字）指令从源 XMM2 中提取由 8 位立即数低四位指定的字节/双字/四字位移的字节/双字/四字。目的操作数可以是通用寄存器的低位字节/双字/四字或 8/32/64 位内存位置，若为通用寄存器，则该 32 位或 64 位寄存器剩余高位扩展为 0。AVX 指令集的 VPEXTRB/VPEXTRD/VPEXTRQ 指令操作和 PEXTRB/PEXTRD/PEXTRQ 类似。

（7）(V)PEXTRW：SSE、SSE2 和 SSE4.1 指令集的 PEXTRW（extract word，提取字）指令将源操作数（第二操作数）中由 8 位立即数（第三操作数）指定的字复制到目的操作数（第一操作数）。源操作数可以是 MMX 寄存器（SSE 指令集）

或 XMM 寄存器（SSE2 指令集和 SSE4_1 指令集）。目的操作数是通用寄存器的低位字。AVX 指令集的两条 VPEXTRW 指令操作和 PEXTRW 类似，源操作数固定为 XMM1 或 XMM2 寄存器，其中之一指令目的操作数除通用寄存器的低位字外，也可以是 16 位内存位置。

（10）(V)EXTRACTPS 指令（extract packed single precision floating-point value，提取紧缩单精度浮点值）。

【相关内容】

本节专利技术提出了一种对紧缩数据（紧缩浮点、紧缩整型等）执行插入和提取数据元素指令操作的计算机实现方法和计算机系统。该实现方法针对两个操作数，第一个操作数有一个数据元素，第二个操作数有至少两个数据元素，通过指令执行，第一个操作数的数据元素被插入目的寄存器的任意位置，或者一个数据元素从源寄存器的任意位置被提取出来。PINSRW 插入字指令执行图和 PEXTRW 提取字指令执行图分别如图 2.13 和图 2.14 所示。

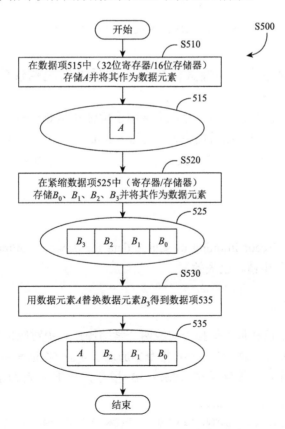

图 2.13　PINSRW 插入字指令执行图

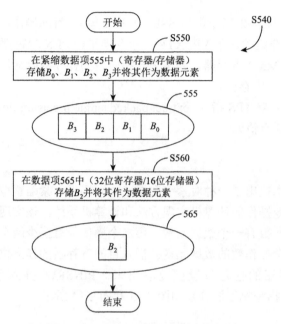

图 2.14　PEXTRW 提取字指令执行图

2.2.3　紧缩整数最小值和最大值指令数据预处理电路优化

紧缩整数最小值和最大值指令通常被用于增强视频处理和音频处理。视频处理常使用带符号数，而音频常使用无符号数。SSE 指令集最早推出了该类指令。本节相关专利不涉及指令格式、定义和逻辑实现，而是用于比较的数据预处理电路[①]。

【相关专利】

US6539408（Preconditioning of source data for packed min/max instructions，1999 年 12 月 22 日申请，已失效）

【相关指令】

紧缩整数最小值和最大值指令比较两个紧缩操作数中对应位置的数据元素，返回两者中的最大值或最小值。SSE 指令集加入了 4 条 64 位紧缩整数最小值指令（数据元素为无符号紧缩字节的 PMINUB 指令，数据元素为带符号紧缩字的

---

① 根据专利申请时间和指令应用时间，2.2.3 节相关专利技术也可以用于英特尔公司晚于 SSE 指令集推出时的处理器的 PMIN 和 PMAX 类指令电路中。

PMINSW 指令）和最大值指令（数据元素为无符号紧缩字节的 PMAXUB 指令，数据元素为带符号紧缩字的 PMAXSW 指令）。在 SSE2 指令集中，以上助记符的指令的操作数被扩展到 128 位紧缩整数。之后在 SSE4.1 指令集中增加了 8 条该类指令，和前述指令一起组成了完整的带符号和无符号的紧缩字节、字、双字组合的指令。在 AVX 指令集中推出了前述 12 条指令的三操作数指令。在 AVX2 指令集中又将 AVX 指令集的三操作数 128 位紧缩整数扩展到 256 位紧缩整数。手册中指令如图 2.15 所示。

		整数宽度		
		字节	字	双字
整数格式	无符号	PMINUB* PMAXUB*	PMINUW PMAXUW	PMINUD PMAXUD
	有符号	PMINSB PMAXSB	PMINSW* PMAXSW*	PMINSD PMAXSD

图 2.15　英特尔紧缩整数最小值和最大值指令[3]

AVX 和 AVX2 指令在图 2.15 中 12 个指令助记符前加字母 V，其中带*的指令在 SSE 和 SSE2 指令集中推出，其余在 SSE4.1 指令集中推出。MIN 表示最小值，MAX 表示最大值，U 表示无符号，S 表示带符号，B 表示字节，W 表示字，D 表示双字。

在 SSE 指令集中，该类指令的操作数为 MMX 寄存器或 64 位内存位置（仅源操作数）；在 SSE2 和 SSE4.1 指令集中，操作数是 XMM 寄存器或 128 位内存位置（仅源操作数）；在 AVX 指令集中，目的操作数和两个源操作数是 XMM 寄存器或 128 位内存位置（仅第二源操作数）；在 AVX2 指令集中，目的操作数和两个源操作数是 YMM 寄存器或 256 位内存位置（仅第二源操作数）。

【相关内容】

现有技术中，用于紧缩数据求最大值和最小值需要两套逻辑电路，电路至少包含两个加法器，占用面积相对较多。最大值和最小值电路现有技术与改进技术如图 2.16 所示。

仅使用一套逻辑单元，根据输入的选择信号是求最大值还是求最小值，输出最大值或最小值。S1 和 S2 分别是两个输入。Pmin 和 Pmax 是指令中分别用于指示最小值和最大值的操作。min/max 是结果输出。选择器 303 和 304 分别选择输入原数或原数每位取反（–S1 或–S2）。加法器 310 用于得到 S2–S1 或 S1–S2。

当求最大值时，Pmin = 0 且 Pmax = 1，加法器完成 S2–S1 操作。若 S2>S1，则 C[15]>0，选择 S2 输出；若 S2<S1，则 C[15]<0，选择 S1 输出。当求最小值时，Pmin = 1 且 Pmax = 0，加法器完成 S1–S2 操作。若 S2>S1，则 C[15]<0，选择 S1 输出；若 S2<S1，则 C[15]>0，选择 S1 输出。

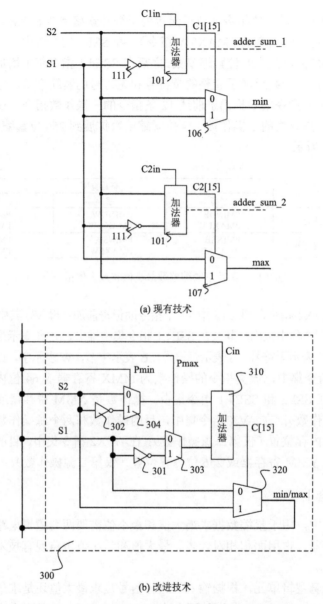

(a) 现有技术

(b) 改进技术

图 2.16　最大值和最小值电路现有技术与改进技术

上述核心电路应用在紧缩字节或字整数最大值和最小值电路中，如图 2.17 所示。该电路可以用于带符号和无符号数据。左上角虚线框 210 模块包含两个反相器和两个选择器，用于输入数据的预处理。220 为加法器，类似图 2.16 中的 310。250 为选择器，类似图 2.16 中的 320。本节专利技术提出的电路包含以上部件、部件间的连接关系及能够完成的最大值和最小值操作的方法。

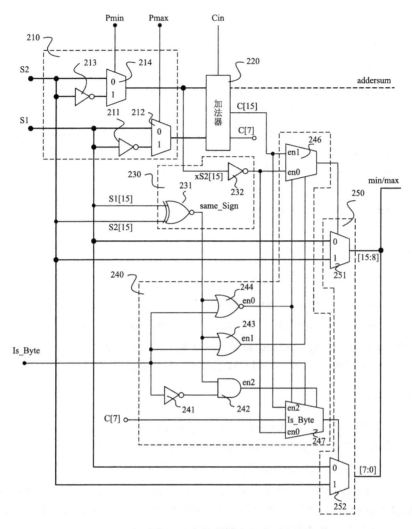

图 2.17　紧缩字节或字整数最大值和最小值电路

2.3　缓存能力控制和预取指令

SSE 指令集引入了若干新指令让程序对数据缓存可以有更多的控制，其也引入了 PREFETCH*h* 指令，能预取数据到指定级别的缓存。其中 PREFETCH*h* 指令格式不是专利技术[①]，本节介绍缓存能力控制指令中字节掩码写四字指令 MASKMOVQ 的相关专利。

---

① 预取指令相关逻辑实现专利技术请参考《微处理器体系结构专利技术研究方法 第三辑：x86 指令实现专利技术》中 2.1.1 节的"高级加载"。

多媒体和通信需要处理大量的数据，而数据需要写入存储器。通常根据掩码来确定给定数据是否写入。英特尔公司最开始使用的方法是测试、分支和写入指令序列，即测试每个数据对应的掩码位，用分支确定写与不写，但分支预测错误往往带来性能损失。为了改进该操作，SSE 指令集引入 MASKMOVQ 指令，采用了 SIMD 字节掩码写指令将紧缩数据有选择性地写入存储。然而由于该指令使用专用并行处理结构造成芯片面积浪费。英特尔公司对该指令进行改进，使用推测等指令序列。2.3.1 节和 2.3.2 节分别介绍 MASKMOVQ 指令的逻辑实现方法，以及实现同样功能的改进方法，即使用推测实现字节掩码写操作。

2.3.1 字节掩码写四字指令定义和实现

【相关专利】

（1）US6052769（Method and apparatus for moving select non-contiguous bytes of packed data in a single instruction，1998 年 3 月 31 日申请，已失效）

（2）US6173393（System for writing select non-contiguous bytes of data with single instruction having operand identifying byte mask corresponding to respective blocks of packed data，1998 年 3 月 31 日申请，已失效）

【相关指令】

MASKMOVQ（store selected bytes of quadword，从四字中选择字节存储）指令从源操作数（第一个操作数）中将所选的字节存储到 64 位存储位置。掩码操作数（第二个操作数）选择源操作数中要写入存储位置的字节（由掩码操作数中对应字节的最高有效位确定，0 表示不写入，1 表示写入）。源操作数与掩码操作数都是 MMX 寄存器。内存位置中第一个字节的位置由 DI/EDI 与 DS 寄存器指定（存储地址的大小取决于地址大小属性）。

【相关内容】

本节专利技术提出了一种单条 SIMD 指令 MASKMOVQ 选择性地将紧缩数据中不连续的数据元素（字节）写入存储器（字节掩码写）的方法。

图 2.18 展示了字节掩码写指令执行处理器相关模块框图。译码器译码字节掩码写四字指令 MASKMOVQ，地址生成单元从保留站中接收译码后的字节掩码写四字指令并进行分析，确定指令是否对齐及访问的高速缓存线是否被分开了。如果分开，地址生成单元会给存储器排序单元指示。通过将掩码位全部"与"运算，地址生成单元同时也会判断掩码是否全零，若掩码为全零，地址生成单元标记掩码写操作为 NOP 操作，该字节掩码写指令提交不再执行。

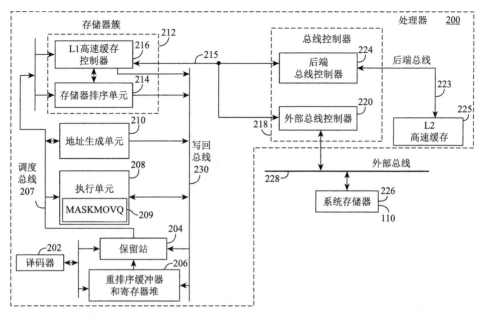

图 2.18 字节掩码写指令执行处理器相关模块框图

存储器排序单元模块图如图 2.19 所示，该单元模块包含存储地址缓冲器、存储数据缓冲器和加载缓冲器。存储地址缓冲器中每个元素包含字节掩码写指令中的一个 8 位掩码。若对单条高速缓存线进行掩码写入，则存储器排序单元将掩码直接发送给高速缓存控制器；若需要跨两条高速缓存线进行掩码写入，则存储器排序单元给高和低两条高速缓存线分配一个单独的掩码写微操作。

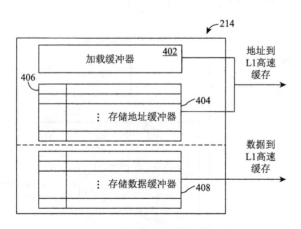

图 2.19 存储器排序单元模块图

L1 高速缓存控制器（500）及其接口如图 2.20 所示，它是与系统及 L2 高速缓存控制器的接口。和地址生成模块一样，当 L1 高速缓存控制器接收到存储排序单元分配的掩码写时，它会判断掩码是否为全零。不同的是，针对跨高速缓存线情况，它可以判断经过存储排序单元分派来的两个单独的掩码写微操作的掩码是否为全零，若全零，则丢弃该掩码写微操作，执行 NOP 操作。

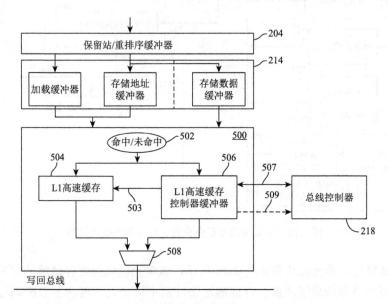

图 2.20　L1 高速缓存控制器（500）及其接口

图 2.21 为外部总线控制器和外部主机的接口，用于传输字节掩码写指令中需要写入的元素，并计算 8 位未对齐未移位的连续字节。

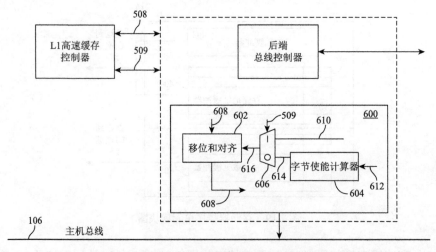

图 2.21　外部总线控制器和外部主机的接口

字节掩码写指令执行流程图如图 2.22 所示。

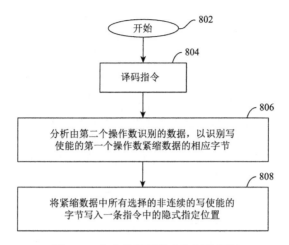

图 2.22　字节掩码写指令执行流程图

单条 L1 高速缓存线字节掩码写执行操作和跨两条 L1 高速缓存线字节掩码写执行操作分别如图 2.23 和图 2.24 所示。当单条 L1 高速缓存线字节掩码写执行操作时，MM2 寄存器中存放的掩码字节 912 和 908 使能 MM1 寄存器中对应位置存放的字节 914 和 910，将字节 914 和 910 中的 E7 和 7F 分别写入高速缓存线数据块 3（CHUCK3）对应的字节位置 920 和 918 中。

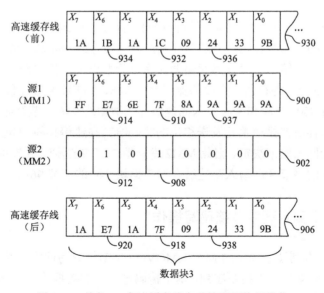

图 2.23　单条 L1 高速缓存线字节掩码写执行操作

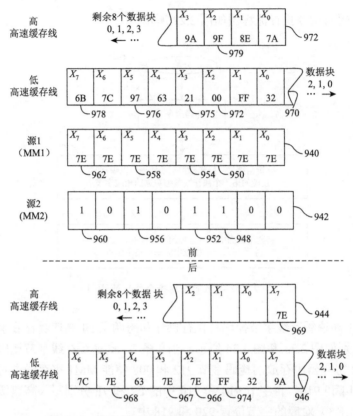

图 2.24 跨两条 L1 高速缓存线字节掩码写执行操作

如图 2.24 所示，当字节掩码写执行跨两条高速缓存线操作时，内存排序单元决定需要分裂的高速缓存线，其随后分别给高速缓存线 944 和 946 分配一个单独的掩码写微操作。第一个微操作存储器排序单元发送未移位的掩码给低高速缓存线 946，因此 MM2 寄存器中存放的掩码字节 948、952 和 956 使能 MM1 寄存器中存放的字节 950、954 和 958 写入高速缓存线数据块 946 字节 966、967 和 968。第二个微操作存储器排序单元发送移位的掩码给高高速缓存线 944，其中移位多少由地址的最低三位来决定。因此 MM2 寄存器中存放的掩码字节 960 使能 MM1 寄存器中存放的字节 962 写入高速缓存线数据块 944 的字节 969。

2.3.2 使用推测实现字节掩码写操作

2.3.1 节的专利技术提出的 MASKMOVQ（字节掩码写四字）指令改进了之前使用的测试、分支和写入指令序列，基于掩码选择紧缩数据中部分字节写入存储。然而该指令执行需要专用电路并行处理紧缩数据中的每个数据元素，占用芯片面积大但应用场景有限、使用率低。因此本节专利技术不再使用字节掩码写指令专用电路，而是采用具有多种用途的电路，使用推测及其他指令来实现字节掩码写操作。

【相关专利】

US6484255（Selective writing of data elements from packed data based upon a mask using predication，1999 年 9 月 20 日申请，已失效，中国同族专利 CN 100440138C）

【相关指令】

本节专利技术和指令序列相关，指令序列包含 MASKMOVQ、位测试类指令（通用指令集中指令 BT、BTS、BTR 和 BTC）和移位类 shift 指令。

【相关内容】

本节专利技术提出了使用推测、基于掩码对紧缩数据有选择性地写入存储的方法和处理器。

图 2.25 为字节掩码写四字指令 MASKMOVQ 专用并行电路框图（现有技术）。图 2.25 中 MM1 寄存器中 64 位数据根据 MM2 寄存器中的掩码，移动到高速缓存线中。

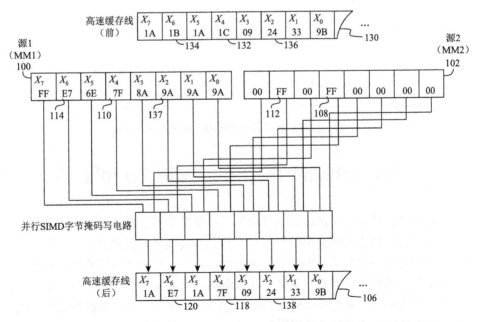

图 2.25　字节掩码写四字指令 MASKMOVQ 专用并行电路框图（现有技术）

图 2.26 为使用推测实现字节掩码写四字操作流程图。具体是首先确定当前被选中的数据元素可能存储位置的初始值,再确定当前选中的数据元素的推测值,如使用测试位指令测试当前被选中数据元素对应的紧缩掩码数据元素的一位掩码值,如果推测值正确,即该元素需要被写入,那么写入被选中元素到存储器,如果该推测值错误,那么还需判断被选中元素是否是紧缩数据中最后一个元素,如果是最后一个元素,则流程结束,若被选中元素不是最后一个元素,则存储地址值递增,紧缩数据移位一个数据元素宽度,如一个字节。之后流程返回到确定推测值,重复流程直至处理完最后的数据元素。

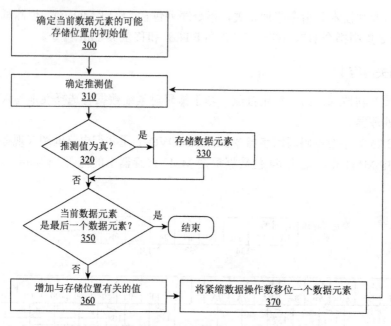

图 2.26　使用推测实现字节掩码写四字操作流程图

2.4　SSE 指令序列应用:矩阵乘法加速

电视广播信号滤波和在动画中渲染图形对象常常需要用到矩阵乘法操作。本节的两个相关专利技术涉及利用 SSE 指令序列加速矩阵乘法操作。第一个专利是针对水平加法方法的最后一步水平加法的代码优化,使用"垂直乘法、移动、混洗、加法"替代原有的"数据重排、垂直乘法、垂直加法"操作。第二个专利是针对动态数据重排的垂直矩阵乘法的实现方法。其中动态数据重排法相比传统的水平加法方法,处理速度及使用率都有提高,并且时延小。

2.4.1　指令序列实现紧缩数据水平加法

现有技术计算矩阵乘法需要数据元素重排操作，包括垂直乘法和加法操作，该计算需要大量指令代码。而本节的专利技术不需要数据重排，采用水平加（horizontal-add）操作或内部加（intra-add）操作，从而提高了代码密度。

【相关专利】

US6211892（System and method for performing an intra-add operation，1998 年 3 月 31 日申请，已失效）

【相关指令】

SSE 指令集 MOVAPS、SHUFPS、ADDPS 指令序列完成紧缩数据水平加法操作。指令序列包括指令：

（1）MOVAPS（move four aligned packed single-precision floating-point values between XMM registers or between and XMM register and memory，在 XMM 寄存器间或 XMM 寄存器与内存间移动 4 个对齐的紧缩单精度浮点值）。

（2）SHUFPS（shuffles values in packed single-precision floating-point operands，混洗紧缩单精度浮点操作数的各个值）。

（3）ADDPS（add packed single-precision floating-point values，将紧缩单精度浮点数各值相加）。

【相关内容】

本节专利技术提出了一个操作数中的 N 个数据元素水平加操作[①]，该操作生成 N 个结果数据元素并存储在一个结果操作数中，其中每个结果数据元素等于 N 个数据元素相加的值，该专利技术还提出基于该水平加操作或内部加操作实现矩阵乘法的方法。

系数矩阵 a 和向量 x 相乘，矩阵乘法如下：

$$矩阵\ a \times 向量\ x = 向量\ y$$

$$
\begin{array}{c}
行1 \\
行2 \\
行3 \\
行4
\end{array}
\begin{bmatrix}
a_{11} & a_{12} & a_{13} & a_{14} \\
a_{21} & a_{22} & a_{23} & a_{24} \\
a_{31} & a_{32} & a_{33} & a_{34} \\
a_{41} & a_{42} & a_{43} & a_{44}
\end{bmatrix}
\times
\begin{bmatrix}
x_1 \\
x_2 \\
x_3 \\
x_4
\end{bmatrix}
=
\begin{bmatrix}
a_{11}x_1 + a_{12}x_2 + a_{13}x_3 + a_{14}x_4 \\
a_{21}x_1 + a_{22}x_2 + a_{23}x_3 + a_{24}x_4 \\
a_{31}x_1 + a_{32}x_2 + a_{33}x_3 + a_{34}x_4 \\
a_{41}x_1 + a_{42}x_2 + a_{43}x_3 + a_{44}x_4
\end{bmatrix}
$$

---

① 本节专利技术不涉及单条 SIMD 的水平加/减指令。

　　向量 x 作为一个紧缩数据存储，系数矩阵 a 存放多组紧缩数据，每组紧缩数据由一行的系数组成。基于一个紧缩操作数水平加操作的矩阵乘法流程图如图 2.27 所示。先完成 4 个垂直乘法操作，再完成 4 个水平加法操作。

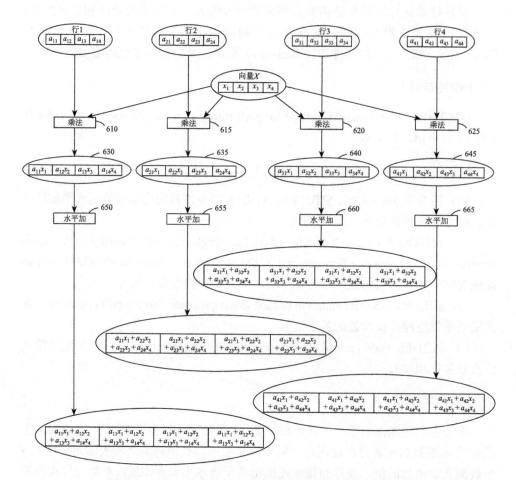

图 2.27　基于一个紧缩操作数水平加操作的矩阵乘法流程图

　　图 2.28 为一个操作数内四数据元素水平加操作流程图。一个包含 A、B、C 和 D 四个单精度浮点数据元素的紧缩操作数，分别通过移动（MOVAPS，步骤为 S520 和 S550）、混洗（SHUFPS，步骤为 S530 和 S560）、加法（ADDPS，步骤为 S540 和 S570）等操作，最终完成一个操作数内各数据元素水平加法操作。紧缩水平减法操作与之类似，只需要把加法换成减法（SUBPS）即可。

　　相关指令中给出的指令序列示例为紧缩单精度浮点数，本节专利技术相关数据类型还可以为紧缩整型、紧缩双精度浮点数等其他紧缩数据类型。

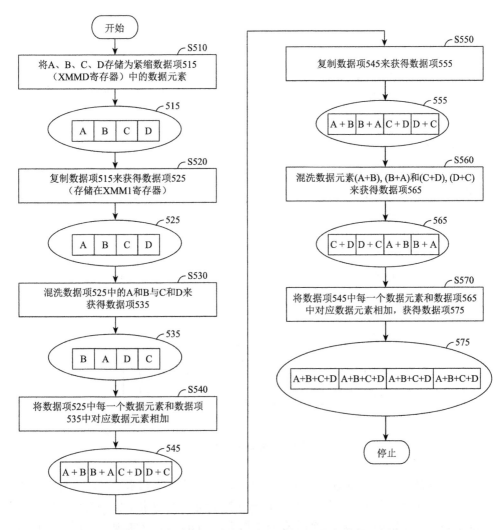

图 2.28　一个操作数内四数据元素水平加操作流程图

2.4.2　动态数据重排法实现矩阵乘法

本节专利技术是 SSE 指令的综合应用，包括使用垂直并行乘法和数据格式转换完成图形处理中的矩阵乘法。

【相关专利】

US6115812（Method and apparatus for efficient vertical SIMD computations，1998 年 4 月 1 日申请，已失效）

【相关指令】

本节专利技术采用动态数据重排法实现矩阵乘法，指令序列包括 SSE 指令（如 UNPCKHPS、UNPCKLPS、SHUFPS、MULPS、ADDPS）。其中 UNPCKHPS 与 UNPCKLPS 也可以替换为 MOVLPS 和 MOVHPS。

【相关内容】

本节专利技术提出一种使用垂直并行乘法和数据格式转换完成图形处理中矩阵乘法的方法、装置和程序。其中的数据格式转换操作是两组操作数需要完成下述转换：第一组数据操作数从原格式变成行和列互换的新格式，第二组数据被复制生成一套复制组数据。

矩阵乘法公式如图 2.29 所示。实现该示意矩阵乘法有三种方法：①水平加法；②动态数据重排的垂直矩阵乘法；③静态数据预排的垂直矩阵乘法。

$$P = A\,F = \begin{bmatrix} p_x \\ p_y \\ p_z \\ p_w \end{bmatrix}$$

$$P = \begin{bmatrix} x_1 & x_2 & x_3 & x_4 \\ y_1 & y_2 & y_3 & y_4 \\ z_1 & z_2 & z_3 & z_4 \\ w_1 & w_2 & w_3 & w_4 \end{bmatrix} \begin{bmatrix} f_x \\ f_y \\ f_z \\ f_w \end{bmatrix} = \begin{bmatrix} x_1 f_x + x_2 f_y + x_3 f_z + x_4 f_w \\ y_1 f_x + y_2 f_y + y_3 f_z + y_4 f_w \\ z_1 f_x + z_2 f_y + z_3 f_z + z_4 f_w \\ w_1 f_x + w_2 f_y + w_3 f_z + w_4 f_w \end{bmatrix}$$

图 2.29　矩阵乘法公式

水平加法（混洗和垂直加法实现）计算矩阵乘法元素和水平加法（混洗和加法实现）计算矩阵乘法结果如图 2.30 和图 2.31 所示。其中水平加法操作可以由一个混洗指令（SHUFPS）和一个垂直加法指令（ADDPS）来实现。使用水平加法方法完成矩阵乘法需要 8 个混洗指令、8 个加法指令、4 个乘法指令、4 个按位与指令和 3 个按位或指令，共计 27 条指令。使用水平加法的方法不需要对矩阵实施转换。

采用动态数据重排法计算矩阵乘法，因为结果矩阵的每个元素是同时计算的，该方法与水平加法相比，处理速度更快。采用动态数据重排法计算矩阵乘法需要先完成如图 2.32 所示的矩阵重组后再使用垂直乘法，即矩阵 A 完成行和列互换的变换，矩阵 F 完成复制。由于以上矩阵重组和重排均在计算过程中完成，因此称为动态数据重排法。该方法使用 8 个拆开指令、4 个混洗指令、4 个垂直乘法指令和 3 个加法指令，共计 19 条指令。和水平加法相比，动态数据重排法处理速度及使用率都有提高，并且时延小。

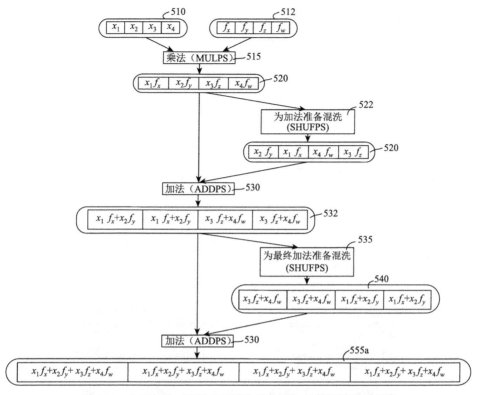

图 2.30　水平加法（混洗和垂直加法实现）计算矩阵乘法元素

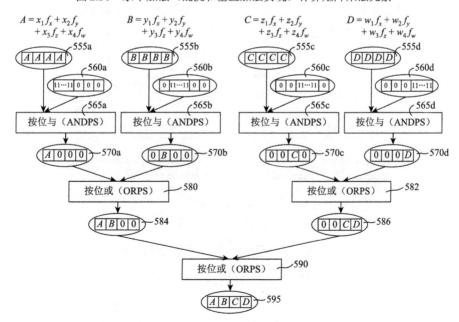

图 2.31　水平加法（混洗和加法实现）计算矩阵乘法结果

动态数据重排法计算一半和完整的矩阵乘法指令和流程如图 2.33 和图 2.34 所示。其中矩阵 A 的重组和重排使用了拆开指令（UNPACK HIGH/LOW）。

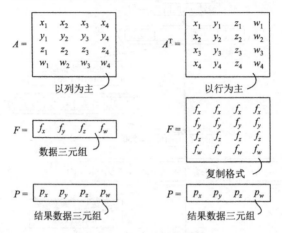

图 2.32　矩阵重组和重排

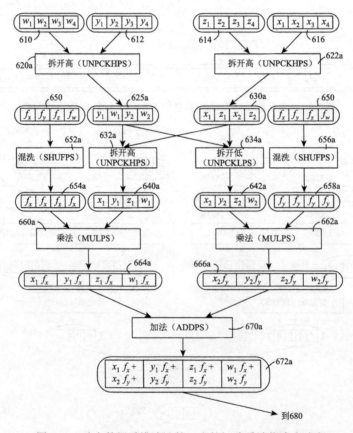

图 2.33　动态数据重排法计算一半的矩阵乘法指令和流程

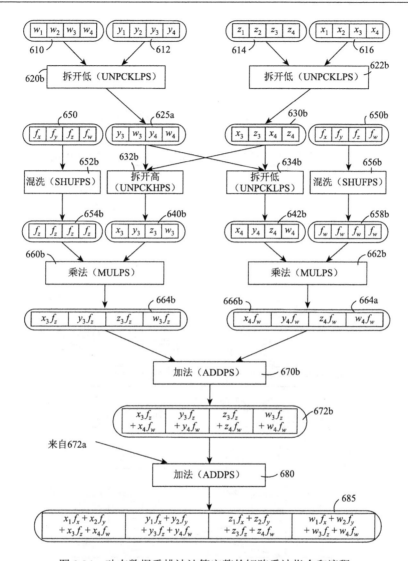

图 2.34　动态数据重排法计算完整的矩阵乘法指令和流程

动态数据重排法中矩阵 A 的重组和重排替代也可以用部分移动指令来实现，如图 2.35 所示。

与动态数据重排法相比，静态数据预排法不需要在计算中重排数据，即在计算前已将矩阵 A 预组织为图 2.32 中的顺序，将矩阵 F 存储成列复制格式。因此静态数据预排法实现矩阵乘法仅需要 4 条乘法指令和 3 条加法指令。该方法要求数据预组织成一些特殊的格式。

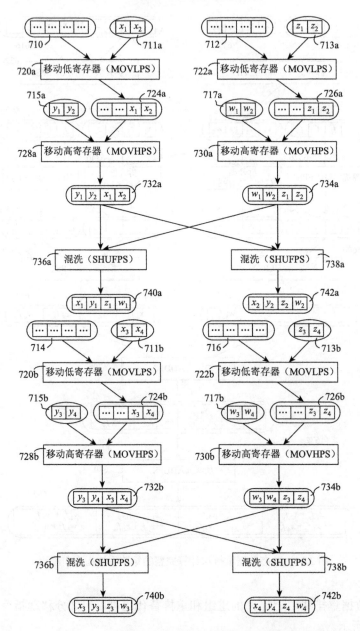

图 2.35　使用部分移动指令实现矩阵 A 的重组

第3章 流式传输 SIMD 扩展 2（SSE2）
指令集专利技术

SSE2 指令集包含 144 条指令，最早在 2001 年奔腾四（Pentium 4，NetBurst 微结构）推出。该指令集主要针对先进三维图像、视频编解码、语音识别、电子商务、互联网、科学和工程应用。SSE2 指令集又分成四个大类：①紧缩和标量双精度浮点指令；②紧缩单精度浮点转换指令；③128 位 SIMD 整型指令；④可缓存控制指令和控制指令顺序的指令。3.1 节介绍紧缩和标量双精度浮点指令，3.2 节介绍 128 位紧缩整型指令。紧缩单精度浮点转换指令与可缓存控制指令和指令未发现有指令格式相关专利保护。

3.1 紧缩和标量双精度浮点指令

SSE2 指令集新增加了紧缩和标量双精度浮点指令，包括：①数据移动；②算术运算；③逻辑运算；④比较；⑤混洗和拆开；⑥数据类型转换。其中，混洗和拆开、数据类型转换指令格式和实现方法已在英特尔公司较早申请专利的专利权保护范围内。在双精度浮点混洗和拆开指令类的三条指令（UNPCKHPD、UNPCKLPD 和 SHUFPD）中，UNPCKHPD、UNPCKLPD 相关专利参见 1.1 节紧缩数据打包和拆开指令，SHUFPD 指令相关专利参见 2.1.2 节紧缩浮点混洗指令。

双精度浮点转换类的紧缩双字整数和紧缩双精度浮点数互相转换指令（CVTPD2PI、CVTTPD2PI 和 CVTPI2PD），以及一个双精度浮点数和一个双字整数互相转换指令（CVTSI2SD、CVTSD2SI 和 CVTTSD2SI）有专利保护，相关专利参见 2.1.4 节不同寄存器结构的多种整数和浮点数互相转换。

3.2 128 位紧缩整型指令

SSE2 紧缩整型指令对 XMM 寄存器和 MMX 寄存器的各类型紧缩整型数操作做了增强。如 MMX 指令集的 PACKSSWB 指令是对 4 个紧缩带符号字整型做饱和打包，SSE2 指令集中的 PACKSSWB 指令是对 8 个紧缩带符号字整型做饱和打包。增强的指令落入原未增强的指令集 MMX 和 SSE 相关专利保护范围。

SSE2 紧缩整型指令还增加了一些额外的操作指令，相关指令和专利如下所示。

（1）紧缩双字移动指令，未发现该指令定义相关专利技术。

（2）紧缩双字整型混洗指令，该指令相关专利技术参见 2.1.2 节紧缩浮点混洗指令。

（3）紧缩四字整型的移动指令、算术运算指令、拆开指令、逻辑移位指令，其中高位或低位拆开指令 PUNPCKHQDQ 和 PUNPCKLQDQ 相关专利技术参见 1.1 节紧缩数据打包和拆开指令，逻辑移位指令 PSLLDQ 和 PSRLDQ 相关专利参见 1.3 节紧缩数据移位指令。

（4）紧缩高位或低位字整型混洗指令，相关专利技术如下所示。

【相关专利】

US7155601（Multi-element operand sub-portion shuffle instruction execution，2001 年 2 月 14 日申请，已失效）

【相关指令】

（1）SSE2 指令集的 PSHUFLW（shuffle packed low words，混洗紧缩低字）指令根据 8 位立即数（imm8）将源寄存器低四字（4×16 位）混洗并放入目的寄存器，将高四字不变存入目的寄存器。

（2）SSE2 指令集的 PSHUFHW（shuffle packed high words，混洗紧缩高字）指令根据 8 位立即数（imm8）将源寄存器高四字（4×16 位）混洗并放入目的寄存器，将低四字不变存入目的寄存器。

（3）AVX 指令集的 VPSHUFLW（VEX.128 编码）指令操作类似 PSHUFLW 指令操作。

（4）AVX 指令集的 VPSHUFHW（VEX.128 编码）指令操作类似 PSHUFHW 指令操作。

（5）对于操作数每个通道（128 位），AVX2 指令集的 VPSHUFLW 指令操作与 PSHUFLW 类似。

（6）对于操作数每个通道（128 位），AVX2 指令集的 VPSHUFHW 指令操作与 PSHUFHW 类似。

【相关内容】

本节专利技术提出一种可以解决控制字位数小于所有数据元素数量的混洗操作问题的方法，能够完成源操作数的多个数据元素的一部分元素的混洗，其他的数据元素保持不变。

　　图 3.1 为操作数高位数据元素混洗操作示意图，图 3.2 为操作数低位数据元素混洗操作示意图。其中图 3.1 展示了目的寄存器中较高位的四个数据元素，其中每个均来源于源寄存器中较高位的四个数据元素中的任意一个；图 3.2 展示了目的寄存器中较低位的四个数据元素，其中每个均来源于源寄存器中较低位的四个数据元素中的任意一个。混洗的数据元素可以重复出现。本节专利技术给出的指令助记符分别是 PSHUFHW 和 PSHUFLW，和手册中 SSE2 指令集中的助记符一致。

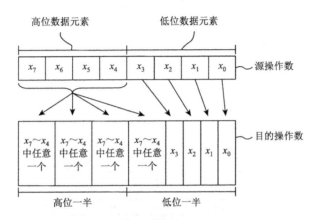

图 3.1　操作数高位数据元素混洗操作示意图

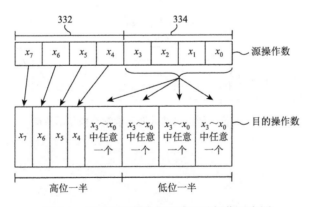

图 3.2　操作数低位数据元素混洗操作示意图

　　控制数据元素位置的是 8 位立即数的控制字 imm8，立即数每两位选择一个数据元素。以图 3.2 低位数据元素混洗为例，imm8[1:0]指示源操作数中低位四个数据元素之一，即 x_0、x_1、x_2、x_3 任意一个移动到目的操作数的第一个（最低）数据元素位置，其中 imm8[1:0]可以是 00B、01B、10B、11B，分别对应选择 x_0、x_1、

x_2、x_3；imm8[3:2]指示源操作数中低位四个数据元素之一移动到目的操作数的第二个数据元素位置，以此类推。

图 3.3 为高位、低位局部数据元素混洗操作示意图。

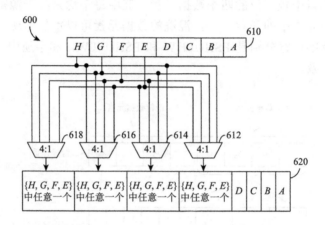

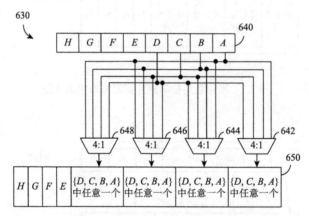

图 3.3　高位、低位局部数据元素混洗操作示意图

第 4 章　流式传输 SIMD 扩展 3（SSE3）指令集专利技术

SSE3 指令集包括 13 条指令，最早在 90nm 制程带超线程功能的奔腾 4（Prescott 微结构的 Pentium 4）处理器中应用。SSE3 指令强化了处理器在浮点转换至整数、复杂算法、视频编码、SIMD 浮点寄存器操作及线程同步等方面的表现，最终达到提升多媒体和游戏性能的目的。SSE3 指令集可以分为如下 6 个小类。

（1）1 条 x87 FPU 浮点向整型数据转换指令 FISTTP。

（2）1 条 SIMD 整型指令 LDDQU，用于地址对齐数据加载，主要应用在视频编码。

（3）4 条 SIMD 浮点水平加减指令 HADDPS、HSUBPS、HADDPD、HSUBPD。

（4）2 条 SIMD 浮点紧缩加减指令 ADDSUBPS、ADDSUBPD。

（5）3 条 SIMD 浮点加载、移动和复制指令 MOVSHDUP、MOVSLDUP、MOVDDUP。

（6）2 条线程同步指令 MONITOR、MWAIT。

以上（2）、（3）和（5）指令都有相对应的专利提供指令与操作保护。（6）指令是一种可以提升处理器的超线程的处理能力，以及简化超线程的数据处理过程的指令。

4.1　128 位非对齐整型数据加载指令

SSE2 指令集引入了 2 个四字非对齐整型数据加载指令 MOVDQU。MOVDQU 指令能从未对齐存储位置加载 128 位操作数到目的地进行存储，指令的执行是译码成两条微加载——uload，每条 uload 加载 64 位操作数，然后再拼成 128 位操作数。MOVDQU 会造成高速缓存线分裂，影响计算机性能。为了不造成高速缓存线分裂，进一步减少由于分裂造成的从存储获取操作数时间的时延，在 SSE3 指令集中引入 128 位非对齐整型数据加载指令 LDDQU。

【相关专利】

US6721866（Unaligned memory operands，2001 年 12 月 21 日申请，已失效）

【相关指令】

LDDQU（load unaligned integer 128 bits，加载未对齐 128 位整数）指令从源操作数（第二操作数）指定的地址开始从存储取 32 字节或 16 字节的数据，不对齐放在目的寄存器（第一寄存器）中。源操作数不需要和 32 字节或 16 字节边界对齐。

【相关内容】

本节专利技术提出一种更快速地从非对齐存储加载 128 位操作数的 SIMD 方法和指令，指令助记符为 LDDQU。指令格式如下：

LDDQU xmm7,address1

LDDQU 指令从指定存储位置 ADDRESS1 开始读取操作数并存储到目的寄存器 XMM7 中，具体采用两次加载对齐存储位置的 128 位数据的方法，经各自移位后合并在一起。

图 4.1 为非对齐加载指令微指令执行示意图。

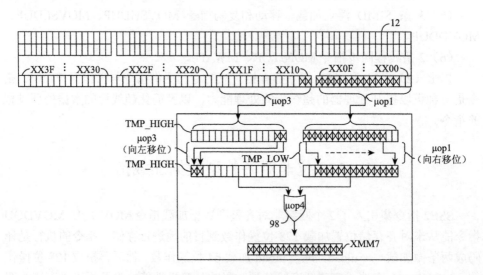

图 4.1　非对齐加载指令微指令执行示意图

图 4.1 表示 LDDQU 指令被译码为 4 个微操作（micro-operation，μop）后，微操作执行的示意图，其中微操作 μop1 和 μop3 分别从一条高速缓存行加载 128 位对齐的操作数并进行移位操作。4 个微操作如下所示。

（1）μop1：LOAD_ALIGN_LOWtmp_low,address1。从较低位置的高速缓存行加载一个 128 位操作数到临时寄存器，并按照 TMP_LOW 和 address1 的差右移操作数位数。

（2）μop2：MOVE tmp_add,address1。将 TMP_ADD 和指定存储位置 address1 设置为相等。

（3）μop3：LOAD_ALIGN_HIGHtmp_high,tmp_add + 15。从较高位置的高速缓存行加载另一个 128 位操作数到临时寄存器，并按照 TMP_HIGH 和 TMP_ADD 加 15 的差左移操作数位数。

（4）μop4：OR XMM7,tmp_low,tmp_high。将 μop1 和 μop3 获得的操作数逻辑或，即合并获得需要加载的操作数。如果 address1 为对齐存储位置，那么 μop1 和 μop3 将从同一位置加载两次 128 位数据。

4.2　紧缩数据水平算术指令

英特尔公司在 SSE 指令集相关专利申请的同一时期申请了使用 SSE 指令序列完成水平加法的专利，具体参见 2.4.1 节。在 SSE3 指令集中英特尔公司首次提出单条 SIMD 水平加法或水平减法指令，该指令仅针对紧缩单双精度浮点数；在之后推出的 SSSE3 指令集中将水平加法或减法指令扩展到紧缩整型字及双字。本节介绍矩阵乘法和 8 点时间抽取操作两组专利技术，两组技术均需要将水平算术（加法、减法、加减法）作为基础运算。

【相关指令】

（1）SSE3 指令集紧缩单、双精度浮点数水平加、减类指令。

①HADDPS（packed single-FP horizontal add，紧缩单精度浮点水平加）指令。HADDPS 操作如图 4.2 所示。

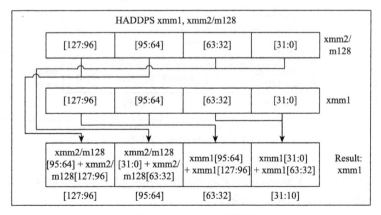

图 4.2　HADDPS 操作[4]

②HSUBPS（packed single-FP horizontal subtract，紧缩单精度浮点水平减）指令。HSUBPS 操作如图 4.3 所示。

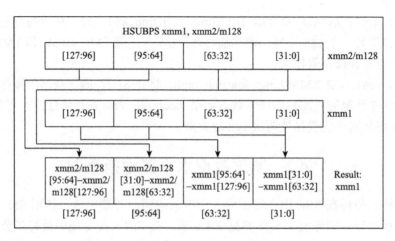

图 4.3　HSUBPS 操作[5]

③HADDPD（packed double-FP horizontal add，紧缩双精度浮点水平加）指令。HADDPD 操作如图 4.4 所示。

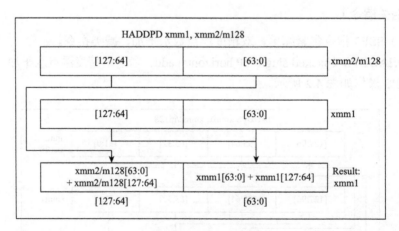

图 4.4　HADDPD 操作[6]

④HSUBPD（packed double-FP horizontal subtract，紧缩双精度浮点水平减）指令。HSUBPD 操作如图 4.5 所示。

（2）SSSE3 指令集中带符号的紧缩字、双字水平加减类指令，其中每个助记符包含两条指令，操作数分别是 64 位和 128 位。

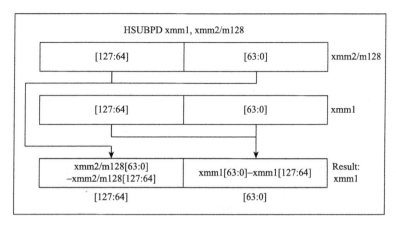

图 4.5　HSUBPD 操作[7]

①PHADDW（packed horizontal add，紧缩字水平加）指令将源和目的操作数中两个相邻的带符号 16 位整型数水平相加，并把每个结果以带符号 16 位整型数据的形式存放在目的操作数。

②PHADDSW（packed horizontal add and saturate，紧缩字带饱和运算水平加）指令将源和目的操作数中两个相邻的带符号 16 位整型数水平相加，并把每个结果以带符号、饱和的 16 位整型数据的形式存放在目的操作数。

③PHSUBW（packed horizontal subtract，紧缩字水平减）指令将源和目的操作数中相邻一对的带符号 16 位整型数水平相减，其中低位字减去高位字，并把每个结果以带符号 16 位整型数据的形式存放在目的操作数。

④PHSUBSW（packed horizontal subtract and saturate，紧缩字带饱和运算水平减）指令将源操作数和目标操作数中相邻的每对带符号 16 位整型数水平相减，其中低位字减去高位字，并把每个结果以带符号、饱和的 16 位整型数据的形式存放在目的操作数。

⑤PHADDD（packed horizontal add，紧缩双字水平加）指令将源和目的操作数中两个相邻的带符号 32 位整型数水平相加，并把每个结果以带符号 32 位整型数据的形式存放在目的操作数。

⑥PHSUBD（packed horizontal subtract，紧缩双字水平减），将源和目的操作数中相邻一对的带符号 32 位整型数水平相减，其中低位字减去高位字，并把每个结果以带符号 32 位整型数据的形式存放在目的操作数。

（3）AVX 指令集的紧缩浮点、整型水平加减类指令。

①VHADDPS（packed single-FP horizontal add，紧缩单精度浮点水平加）指令两条，128 位编码指令及 256 位编码指令的每个 128 位通道操作和 SSE3 指令集 HADDPS 操作类似。VHADDPS 操作如图 4.6 所示，每个数据元素为 32 位。

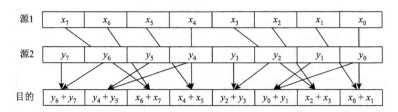

图 4.6　VHADDPS 操作

②VHSUBPS（packed single-FP horizontal subtract，紧缩单精度浮点水平减）指令两条，128 位编码指令及 256 位编码指令的每个 128 位通道操作和 SSE3 指令集 HSUBPS 操作类似。VHSUBPS 操作如图 4.7 所示，每个数据元素为 32 位。

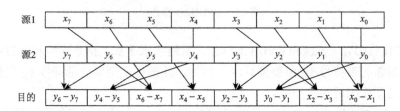

图 4.7　VHSUBPS 操作

③VHADDPD（packed double-FP horizontal add，紧缩双精度浮点水平加）指令两条，128 位编码指令及 256 位编码指令的每个 128 位通道操作和 SSE3 指令集 HADDPD 操作类似。VHADDPD 操作如图 4.8 所示，每个数据元素为 64 位。

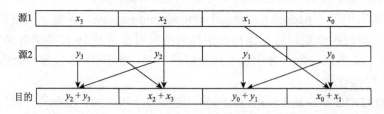

图 4.8　VHADDPD 操作

④VHSUBPD（packed double-FP horizontal subtract，紧缩双精度浮点水平减）指令两条，128 位编码指令及 256 位编码指令的每个 128 位通道操作和 SSE3 指令集 HSUBPD 操作类似。VHSUBPD 操作如图 4.9 所示。

⑤VPHADDW（packed horizontal add，紧缩字水平加）指令和 PHADDW 指令（128 位操作数）操作类似。

⑥VPHADDSW（packed horizontal add and saturate，紧缩字带饱和运算水平加）指令和 PHADDSW 指令（128 位操作数）操作类似。

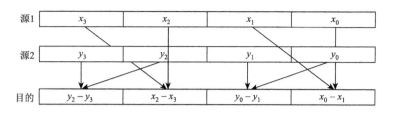

图 4.9　VHSUBPD 操作

⑦VPHSUBW（packed horizontal subtract，紧缩字水平减）指令和 PHSUBW 指令（128 位操作数）操作类似。

⑧VPHSUBSW（packed horizontal subtract and saturate，紧缩字带饱和运算水平减）指令和 PHSUBSW 指令（128 位操作数）操作类似。

⑨VPHADDD（packed horizontal add，紧缩双字水平加）指令和 PHADDD 指令（128 位操作数）操作类似。

⑩VPHSUBD（packed horizontal subtract，紧缩双字水平减），指令和 PHSUBD 指令（128 位操作数）操作类似。

（4）AVX2 指令集的带符号的紧缩字、双字水平加减类指令。

①VPHADDW（packed horizontal add，紧缩字水平加）指令和 PHADDW 指令操作类似，操作数扩展为 256 位。

②VPHADDSW（packed horizontal add and saturate，紧缩字带饱和运算水平加）指令和 PHADDSW 指令操作类似，操作数扩展为 256 位。

③VPHSUBW（packed horizontal subtract，紧缩字水平减）指令和 PHSUBW 指令操作类似，操作数扩展为 256 位。

④VPHSUBSW（packed horizontal subtract and saturate，紧缩字带饱和运算水平减）指令和 PHSUBSW 指令操作类似，操作数扩展为 256 位。

⑤VPHADDD（packed horizontal add，紧缩双字水平加）指令和 PHADDD 指令操作类似，操作数扩展为 256 位。

VPHSUBD（packed horizontal subtract，紧缩双字水平减），指令和 PHSUBD 指令操作类似，操作数扩展为 256 位。

4.2.1　紧缩数据水平加法指令和基于水平加法的矩阵乘法

【相关专利】

（1）US6418529（Apparatus and method for performing intra-add operation，1998 年 3 月 31 日申请，已失效）

（2）US6961845（System to perform horizontal additions，2002 年 7 月 9 日申请，已失效）

（3）US6212618（Apparatus and method for performing multi-dimensional computations based on intra-add operation，1998 年 3 月 31 日申请，已失效）

【相关内容】

本节专利技术和多维运算相关,提出了两个操作数中数据元素水平相加操作,以及基于该水平加（horizontal-add）或内部加（intra-add）执行矩阵乘法的操作。

两个操作数中数据元素水平加操作的源操作数和目的操作数如图 4.10 所示。源操作数 1 的第一、第二数据元素相加，第三、第四数据元素相加，结果分别存放在目的操作数的第一和第二数据元素位置；源操作数 2 的第一、第二数据元素相加，第三、第四数据元素相加，结果分别存放在目的操作数的第三和第四数据元素位置；图 4.10 中每个数据元素是 32 位。图 4.11 是两个操作数水平加操作典型电路图。

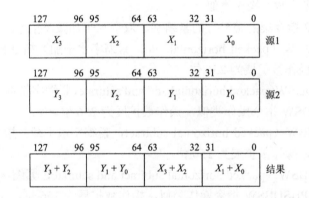

图 4.10　两个操作数中数据元素水平加操作的源操作数和目的操作数

图 4.12 是基于两个操作数水平加操作的矩阵乘法操作示意图。系数矩阵 A 和列向量 X 相乘，矩阵乘法如下：

$$
\begin{array}{c}
行 1 \\
行 2 \\
行 3 \\
行 4
\end{array}
\begin{bmatrix}
a_{11} & a_{12} & a_{13} & a_{14} \\
a_{21} & a_{22} & a_{23} & a_{24} \\
a_{31} & a_{32} & a_{33} & a_{34} \\
a_{41} & a_{42} & a_{43} & a_{44}
\end{bmatrix}
\begin{bmatrix}
x_1 \\
x_2 \\
x_3 \\
x_4
\end{bmatrix}
=
\begin{bmatrix}
a_{11}x_1 + a_{12}x_2 + a_{13}x_3 + a_{14}x_4 \\
a_{21}x_1 + a_{22}x_2 + a_{23}x_3 + a_{24}x_4 \\
a_{31}x_1 + a_{32}x_2 + a_{33}x_3 + a_{34}x_4 \\
a_{41}x_1 + a_{42}x_2 + a_{43}x_3 + a_{44}x_4
\end{bmatrix}
$$

其中 X 存储为一个紧缩数据，系数矩阵 A 存储为多个紧缩数据，每组由一行的系数组成。图 4.12 中①～⑦为图 4.10 所示两个操作数的水平加操作。

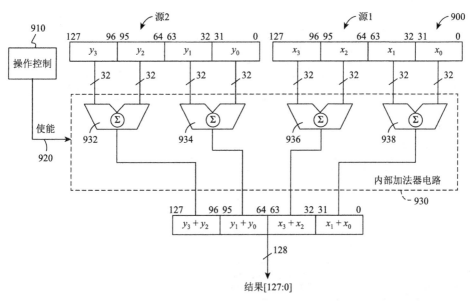

图 4.11　两个操作数水平加操作典型电路图

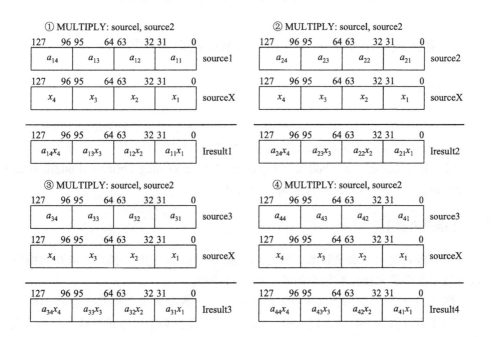

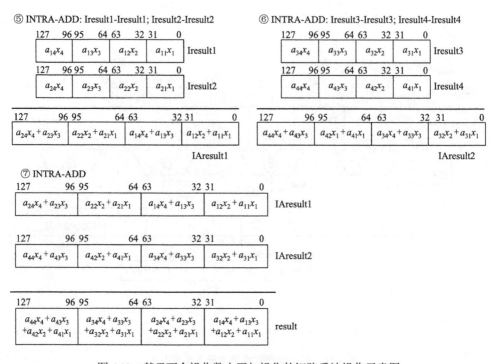

⑤ INTRA-ADD: Iresult1-Iresult1; Iresult2-Iresult2　　⑥ INTRA-ADD: Iresult3-Iresult3; Iresult4-Iresult4

⑦ INTRA-ADD

图 4.12　基于两个操作数水平加操作的矩阵乘法操作示意图

4.2.2　紧缩数据水平算术指令和 8 点时间抽取操作指令序列

【相关专利】

（1）US7392275（Method and apparatus for performing efficient transformations with horizontal addition and subtraction，2003 年 6 月 30 日申请，已失效）

（2）US7395302（Method and apparatus for performing horizontal addition and subtraction，2003 年 6 月 30 日申请，已失效）

【相关内容】

本节专利提出了水平算术（加法、减法、加减法）操作、流程、电路和指令，以及基于水平算术操作和指令的蝶形运算与变换。

图 4.13 为两个操作数水平算术操作示意图。数据元素个数可以为 8、16、32 等，操作数可以为 64 位、128 位、256 位等。数据类型可以是整数、浮点、有/无符号数、二进制编码十进制（binary coded decimal，BCD）数等，算术运算也支持饱和操作。图 4.14 为两个操作数水平算术操作电路示意图。

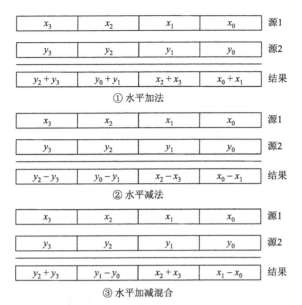

图 4.13　两个操作数水平算术操作示意图

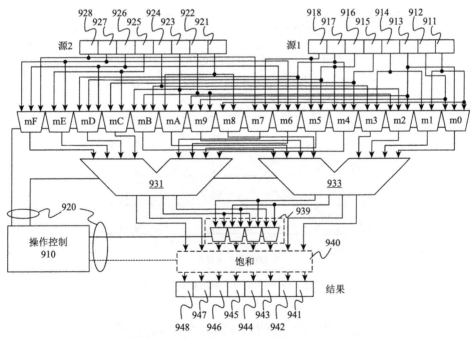

图 4.14　两个操作数水平算术操作电路示意图

m 指复用器（multiplexer）

水平操作应用在音视频、图像处理及通信算法中可以减少代码及简化电路。典型应用如快速傅里叶变换中的 8 点时间抽取操作（8-point decimation in time operation）。8 点时间抽取操作可以分级运算，如进行 2 个 4 点变换，而一个 4 点变换又可以是 2 个 2 点变换，即蝶形运算计算。最终 8 点时间抽取操作可以由多级的蝶形运算组成。图 4.15 描述了蝶形运算和 8 点时间抽取运算。可见，蝶形计算 $F(k)$ 可以使用水平加法，$F(k + N/2)$ 可以使用水平减法操作和指令。一个 8 点变换包括 3 级多组蝶形运算。第一级运算的结果分别是 $r_0 \sim r_3$ 和 $s_0 \sim s_3$；第二级运算结果是 $t_0 \sim t_3$ 和 $u_0 \sim u_3$；第三级运算的结果是 $F_0 \sim F_7$。

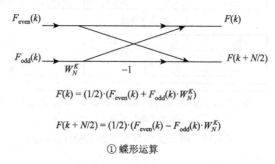

$$F(k) = (1/2) \cdot (F_{even}(k) + F_{odd}(k) \cdot W_N^K)$$

$$F(k + N/2) = (1/2) \cdot (F_{even}(k) - F_{odd}(k) \cdot W_N^K)$$

① 蝶形运算

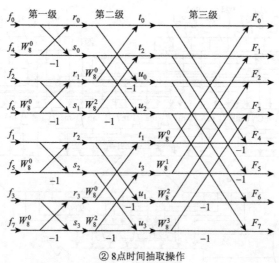

② 8 点时间抽取操作

图 4.15　蝶形运算和 8 点时间抽取操作

4.3　浮点加载、移动及复制指令

【相关专利】

（1）US7853778（Load/move and duplicate instructions for a processor，2001 年

12 月 20 日申请，已失效，中国同族专利 CN 100492281C、CN 101520723 B）

（2）US8032735（Load/move duplicate instructions for a processor，2010 年 11 月 5 日申请，已失效）

（3）US8200941（Load/move duplicate instructions for a processor，2011 年 4 月 15 日申请，已失效）

（4）US8539202（Load/move duplicate instructions for a processor，2012 年 6 月 12 日申请，已失效）

（5）US8650382（Load/move and duplicate instructions for a processor，2012 年 9 月 14 日申请，已失效）

【相关指令】

SSE3 指令集中 SIMD 浮点加载或移动及复制指令[①]，以及 AVX 指令集中 128 位及 256 位编码的 VMOVSHDUP、VMOVSLDUP 和 VMOVDDUP 指令。

（1）MOVSHDUP（loads/moves 128 bits; duplicating the second and fourth 32-bit data elements，移动紧缩单精度浮点值高位并复制）。

（2）MOVSLDUP（loads/moves 128 bits; duplicating the first and third 32-bit data elements，移动紧缩单精度浮点值低位并复制）。

（3）MOVDDUP（loads/moves 64 bits（bits[63:0] if the source is a register）and returns the same 64 bits in both the lower and upper halves of the 128-bit result register; duplicates the 64 bits from the source，移动一个双精度浮点值并复制）。

图 4.16～图 4.18 分别为 MOVSHDUP、MOVSLDUP 和 MOVDDUP 的指令与操作。其中 xmm2/m128 代表源操作数来自于 XMM 寄存器或者内存，数据宽度为 128 位；xmm1 代表目的操作数存储在另一个 XMM 寄存器中，数据宽度为 128 位。

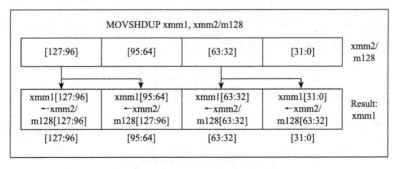

图 4.16　MOVSHDUP 指令与操作[8]

---

① 专利中描述三条指令属于 SSE2 指令集；在手册中，该类指令在 SSE3 指令集中推出。

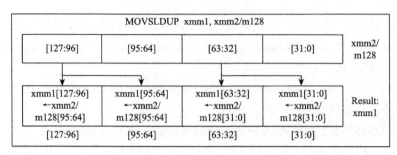

图 4.17　MOVSLDUP 指令与操作[9]

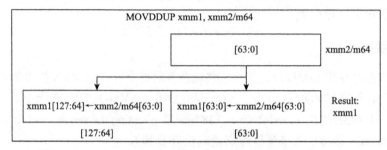

图 4.18　MOVDDUP 指令与操作[10]

【相关内容】

本节专利技术提出了一种紧缩单精度和双精度数据的加载或移动及复制的新类型指令。指令助记符包括 MOVDDUP、MOVSHDUP 和 MOVSLDUP。

如图 4.19 所示，MOVDDUP 指令加载或移动一个 64 位双精度浮点数据，并复制到高 64 位。指令的源操作数可以是 64 位存储器或 XMM 寄存器（低 64 位复制）。MOVSHDUP 指令加载或移动 128 位单精度紧缩浮点数，其中第 0～3 个位置分别有一个 32 位单精度浮点数据元素，将第 1 个位置内数据元素复制到第 0 个位置中，第 3 个位置内数据元素复制到第 2 个位置中。MOVSLDUP 指令加载或移动 128 位单精度紧缩浮点数，将第 0 个位置内数据元素复制到第 1 个位置中，第 2 个位置内数据元素复制到第 3 个位置中。

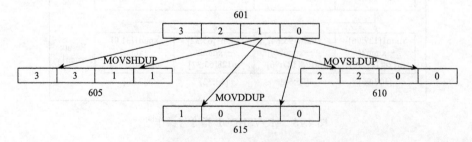

图 4.19　浮点加载、移动及复制三条指令操作

4.4　改进的线程同步指令

【相关专利】

（1）US8464035（Instruction for enabling a processor wait state，2009 年 12 月 18 日申请，预计 2031 年 12 月 7 日失效，中国同族专利 CN 102103484 B）

（2）US9032232（Instruction for enabling a processor wait state，2013 年 3 月 6 日申请，预计 2029 年 12 月 18 日失效）

【相关指令】

改进 MONITOR（set up monitor address，建立监控地址）和 MWAIT（monitor wait，监控等待）指令的新指令 LDMWZ（load，mask，wait if zero，加载，掩码，若为零，则等待），手册中未公开相关指令。

【相关内容】

当协同线程软件运行时处理器分配不同线程给多个内核以加快执行速度，通常会出现线程之间等待的情况，导致资源浪费。通过调用 MONITOR 指令和 MWAIT 指令，可以使处理器处于低功耗等待状态。这两条指令对设置的地址范围进行监视，并使处理器能够进入低功耗状态并指导被监视的地址范围更新为止。MONITOR 指令和 MWAIT 指令仅能在操作系统特权级使用，因此执行这两条指令需要较长的等待时间。

本节专利技术提出一种方法，通过执行一条用户级新指令 LDMWZ 可以使处理器进入低功耗等待状态，不再需要进入操作系统特权级，可以有效地降低硬件开销。

LDMWZ 指令格式为 LDMWZ r32/64，m32/64。其中 r32/64 存储掩码，m32/64 存储源值，即被监视位置。LDMWZ 指令从源存储器位置加载数据，用源或目的地的值屏蔽该数据，并进行测试以查看所得值是否为零。若掩码值不为零，则将从存储器加载的值存储到未掩码的源或目的寄存器中。否则，处理器将进入低功率等待状态。进入和退出同步状态的控制流图如图 4.20 所示。

执行用户级线程同步的处理器包括内核和功率管理单元。内核包括译码逻辑和计时器，译码逻辑译码用户级线程同步指令，该指令规定了被监视的位置和截止时间。当被监视的位置的值不等于目标值，并且计时器的计数不超过截止时间时，无须操作系统的介入，至少部分地基于截止时间，功率管理单元确定该处理器的低功耗状态类型（不同的截止时间对应不同的低功耗状态类型，可以用查找表实现），并使处理器进入该低功耗状态。

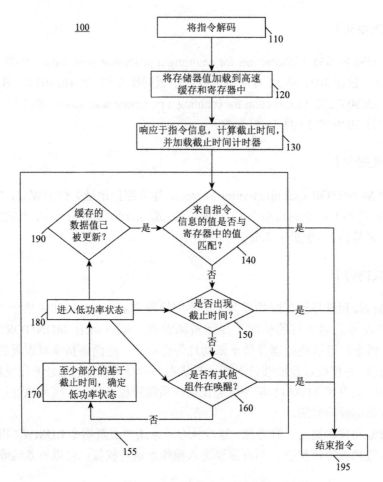

图 4.20　进入和退出同步状态的控制流图

第 5 章　补充流式传输 SIMD 扩展 3（SSSE3）指令集专利技术

SSSE3 指令集是对 SSE3 指令集的扩充，仅增加了对紧缩整型数据的操作，共包含 32 条指令，最早在 2006 年的酷睿 2 至尊（Core 2 Extreme，Core 微结构）系列中推出。

32 条指令包括以下几类：①水平加法或减法；②求绝对值；③紧缩带符号字节和无符号字节乘加；④带舍入和缩放的高位乘法；⑤字节混洗；⑥符号乘法；⑦右对齐。其中水平加法或减法指令在英特尔公司早期申请的专利中保护范围已经覆盖了 SSSE3 新指令，具体参考 4.2 节紧缩数据水平加法或减法指令；紧缩带符号字节和无符号字节乘加指令在英特尔公司早期申请的专利中保护范围已经覆盖了 SSSE3 新指令 PMADDUBSW，具体参考 1.2 节紧缩数据乘加（乘减）指令和运算。除了右对齐没有发现相关技术专利，本章介绍剩余几类指令相关专利技术。

5.1　紧缩数据符号乘法指令和求绝对值指令

英特尔公司之前没有单条的符号乘法和单条的绝对值运算的 SIMD 指令，因此需要大量指令和数据寄存器来实现 H.263 或 MPEG4 等音频/视频压缩、处理和操作。本节专利技术提出两类指令 PSIGN（计算修正因子符号）和 PABS（计算修正因子大小并用预定阈值比较偏差），执行该两类指令可以减少代码的开销与释放处理资源。

【相关专利】

（1）US7539714（Method，apparatus，and instruction for performing a sign operation that multiplies，2003 年 6 月 30 日申请，预计 2025 年 2 月 15 日失效，中国同族专利 CN 1577249 B）

（2）US7424501（Nonlinear filtering and deblocking applications utilizing SIMD sign and absolute value operations，2003 年 6 月 30 日申请，预计 2025 年 2 月 24 日失效）

（3）US8271565（Nonlinear filtering and deblocking applications utilizing SIMD sign and absolute value operations，2008 年 9 月 8 日申请，预计 2025 年 12 月 28 日失效）

（4）US8510363（SIMD sign operation，2012 年 9 月 4 日申请，已失效）

【相关指令】

（1）SSSE3 指令集六条指令 PSIGNB/W/D（negates each signed integer element of the destination operand if the sign of the corresponding data element in the source operand is less than zero，若源操作数中数据元素小于 0，则目的操作数中对应带符号整数数据元素取反）指令目的操作数可以为 XMM 或 MMX 寄存器，数据类型为紧缩字节、双字或四字整型。

（2）SSSE3 指令集六条指令 PABSB/W/D（computes the absolute value of each signed byte/16-bit/32-bit data element，计算每个带符号字/16 位/32 位数据元素的绝对值）指令计算源操作数中每个数据元素的绝对值，存储无符号结果到目的寄存器。目的操作数可以为 XMM 或 MMX 寄存器。

（3）AVX 和 AVX2 指令集的 12 条 VPSIGNB/W/D 与 VPABSB/W/D 指令操作和（1）及（2）类似，目的操作数为 XMM 或 YMM 寄存器。

【相关内容】

本节专利技术提出了紧缩数据符号乘法运算和紧缩数据绝对值运算的方法、装置（电路）和指令，也给出了在图像、视频处理中（如 H.263 和 MPEG4 去块算法）应用上述两类 SIMD 指令的示例。

紧缩数据符号乘法运算 PSIGN 指令的操作和手册指令 PSIGNB/W/D 相同。该指令中的 B/W/D 代表紧缩操作数每个元素的位数分别为 8 位/16 位/32 位。如果源操作数小于 0，那么将对应目的操作数的带符号整型数取反[①]。PSIGNW 指令运算逻辑方框图如图 5.1 所示。

图 5.2 为符号运算电路图。源 X 和源 Y 简化为源操作紧缩数据中的一个元素，结果为源 Y 乘以源 X 的符号。运算过程如下：

当源 X 符号为正时，S0 = 1，多路选择器 618 选择 IN0，结果等于源 Y。

当源 X 符号为 0 时，S1 = 1，多路选择器 618 选择 IN1，结果等于源 X，即 0。

当源 X 符号为负时，S2 = 1，多路选择器 618 选择 IN2，结果等于"0−源 Y"，即"−1×源 Y"。当符号乘法指令使符号 622 选择"0"输入多路选择器 606 时，同时选择"−源 Y"输入多路选择器 608；当符号乘法指令不使能时，源 X 和源 Y 不变，在加法器 614 完成"源 X+源 Y"，从上面可以看出，本示例电路除符号乘法外还可与加法电路复用。

---

① 如果源操作数 1 等于源操作数 2，那么指令执行结果等于求操作数的绝对值。

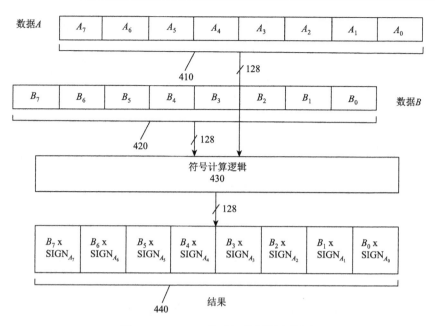

图 5.1　PSIGNW 指令运算逻辑方框图

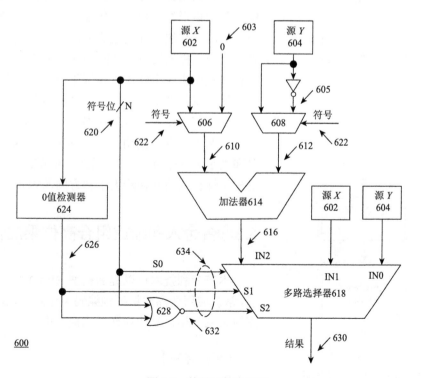

图 5.2　符号运算电路图

PABSW 指令运算逻辑方框图如图 5.3 所示,其中紧缩数据每个元素为 16 位字。

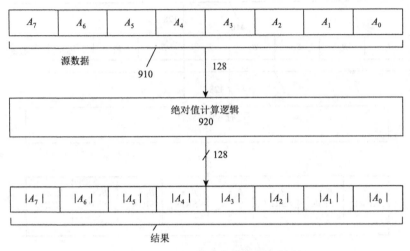

图 5.3　PABSW 指令运算逻辑方框图

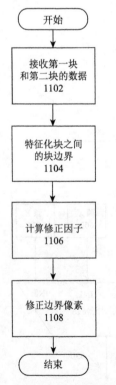

图 5.4　紧缩数据符号乘法指令和
求绝对值指令执行去块算法流程

在图像视频处理中，通常将每帧图像按固定栅格分为矩形像素块进行压缩，由于每个像素块独立编码，在块之间的边界的不连续性会造成非自然信号，称为块效应（blocking artifact）。本节专利涉及在去块算法中使用紧缩符号乘法指令和绝对值运算指令减少块效应。紧缩数据符号乘法指令和求绝对值指令执行去块算法流程如图 5.4 所示。两条指令分别用于运算计算修正因子的符号和大小（步骤为 1106）。另外，本节专利技术还给出了计算块边界台阶大小和方向的等式。

5.2　带舍入和缩放组合高位乘法指令

本节专利技术可以提高整型 SIMD 指令的精度,常被应用在高质量视频编码和译码中,如（逆）离散余弦变换、量化和逆量化模块中。

【相关专利】

US7689641（SIMD integer multiply high with

round and shift，2003 年 6 月 30 日申请，已失效，中国同族专利 CN 100541422C）

【相关指令】

PMULHRSW（packed multiply high with round and scale）指令将目的操作数和源操作数的对应带符号 16 位整型数相乘，生成带符号 32 位中间值。每个中间值被截断取高 18 位得到第二中间值。舍入总是在 18 位的第二中间值最低位加 1。最后每个元素取[16:1]位存入目的操作数。

【相关内容】

本节专利技术提出对两个操作数执行包含舍入（rounding，即取整）和缩放（scale，即移位）的组合型高位乘法运算的单条指令、方法和装置。

取整和移位的高位乘法指令操作逻辑框图与带舍入和缩放组合高位乘法操作流程图如图 5.5 和图 5.6 所示。具体的组合型高位乘法运算操作包括：将两个操作数每组对应数据元素相乘，产生一组乘积；舍入每组乘积得到一组舍入值；再缩放每组被舍入值；最后截断每组舍入值并放入对应存储目标位置。

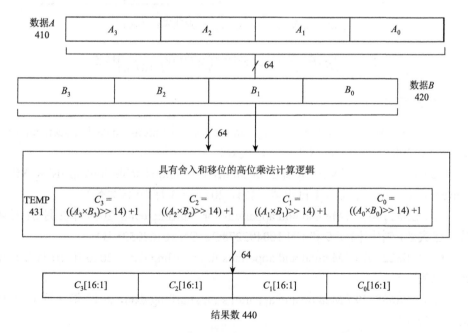

图 5.5　取整和移位的高位乘法指令操作逻辑框图

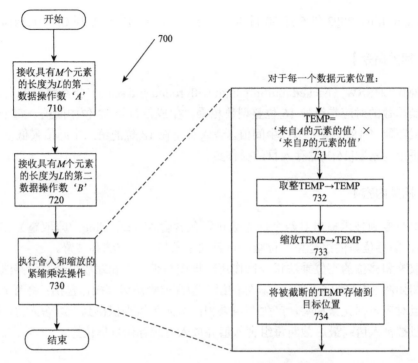

图 5.6　带舍入和缩放组合高位乘法操作流程图

5.3　紧缩字节整型带掩码的混洗指令

【相关专利】

（1）US7631025（Method and apparatus for rearranging data between multiple registers，2003 年 6 月 30 日申请，已失效）

（2）US7739319（Method and apparatus for parallel table lookup using SIMD instructions，2003 年 7 月 1 日申请，预计 2027 年 3 月 10 日失效）

（3）US8214626（Method and apparatus for shuffling data，2009 年 3 月 31 日申请，已失效，中国同族专利 CN 100492278C、CN 101620525 B）

（4）US8225075（Method and apparatus for shuffling data，2010 年 10 月 8 日申请，已失效）

（5）US8688959（Method and apparatus for shuffling data，2012 年 9 月 10 日申请，已失效）

【相关指令】

（1）SSSE3 指令集的两条 PSHUFB 指令（操作数分别为 64 位和 128 位）。

PSHUFB 指令（packed shuffle bytes，紧缩字节混洗）根据源操作数（第二操作数）中的混洗控制掩码将目的操作数（第一操作数）中的字节进行混洗。如果混洗控制掩码对应目的操作数字节的某个字节的最高位（位[7]）置位（等于 1），那么对应目的操作数的字节为全 0。控制掩码每字节的低 3 位（64 位操作数）或 4 位（128 位操作数）指示目的操作数混洗的字节选择。

（2）AVX 指令集的 VPSHUFB 指令和 PSHUFB 指令操作类似。

（3）AVX2 指令集的 VPSHUFB 指令，每个通道（128 位）的操作和 PSHUFB 指令操作类似。

【相关内容】

本节专利技术提出了混洗的方法和装置、使用该混洗指令实现并行表查找的方法和装置，以及使用混洗指令在多寄存器中重新安排数据的方法和装置。

本节专利技术中的混洗指令是带清洗功能的紧缩字节混洗指令 PSHUFB。PSHUFB 指令格式为

$$\text{PSHUFB register 1, register 2/memory}$$

式中，两个寄存器都是 SIMD 寄存器，如 MMX 寄存器或 XMM 寄存器；第一个寄存器包含需要混洗的源数据，也是目的寄存器；第二个寄存器可以是一个内存地址，包含一组混洗控制掩码字节，用于指定混洗模式。每个控制掩码字节的最高有效位（位[7]）如果被置位（设置为 1），那么目的寄存器对应字节全为 0；每个控制掩码字节的低 4 位[3：0]指示源数据的 16 个字节中的哪一个移动到该控制掩码对应字节。如果控制掩码第 i 个字节中包含整数 j，那么将源数据的第 j 个字节复制到目标数的第 i 个字节。

图 5.7 和图 5.8 给出了 PSHUFB 操作一个实例的逻辑图和电路图。其中源数据被分成上下两部分，以简化多路选择器。

图 5.9 为采用 PSHUFB 指令实现混洗掩码操作数。控制掩码由若干数据元素组成，其中，源选择用于在多个数据源中选择一个，其他参数与前面相同。

应用本节专利技术中的混洗指令可以将多个寄存器中的数据混洗到一个寄存器中，如将分别存储在三个寄存器中的红、绿、蓝颜色数据在一个寄存器中交织混洗成 RGB（红色、绿色、蓝色，即 Red、Green、Blue）格式供后续显示。另一个应用是将由混洗指令、比较指令等组成的指令序列应用在视频压缩量化和去块算法中的表查找中，能大大减少指令数量和加快查找速度。如果表小于一个寄存器大小（128 位），那么使用一条混洗指令即可；如果表比较大，那么可以将表分成若干部分，每个部分为一个寄存器大小，每个部分在混洗指令中由相同控制掩码控制，最后合并所有部分得到需要的结果。

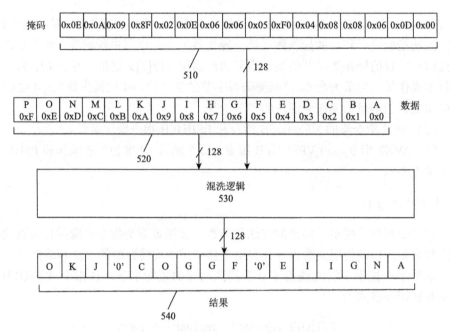

图 5.7　PSHUFB 操作一个实例的逻辑图

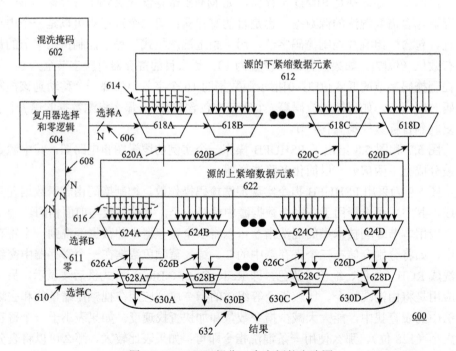

图 5.8　PSHUFB 操作一个实例的电路图

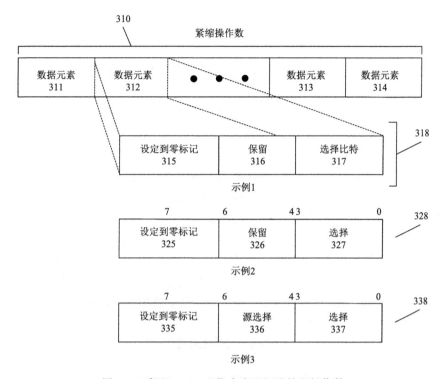

图 5.9　采用 PSHUFB 指令实现混洗掩码操作数

第6章 流式传输 SIMD 扩展 4（SSE4）指令集专利技术

SSE4 指令集包含两个子集：SSE4.1 和 SSE4.2。其中 SSE4.1 包含 47 条指令，最早在 2007 年推出的酷睿 2 至尊（Core 2 Extreme）QX9650 上（Penryn 微结构）发布；SSE4.2 包含 7 条指令，最早在 2008 年推出的酷睿 i7 965 上（Nehalem 微结构）发布。

SSE4.1 指令集可以改善媒体、成像和三维加载的性能，新增的指令对编译器向量化和紧缩四字运算提高了支持。SSE4.2 指令集则可以支持可扩展标示语言（extensive makeup language，XML）文本的字符串操作、存储校验等。

6.1 SSE4.1

SSE4.1 指令集的 47 条指令包含紧缩双字乘法、紧缩浮点数点积、流加载示意、混合、紧缩整型求最大值或最小值、带舍入模式的浮点舍入、从 XMM 寄存器插入或提取、紧缩整型格式转换、求四字节块绝对值差的和、水平搜索、紧缩逻辑比较并设置零和进位、四字相等比较和无符号双字饱和打包。其中：

（1）紧缩单精度浮点数插入和提取指令在 SSE 指令集引入的整型插入和提取指令的相关技术已覆盖专利技术保护，具体见 2.2.1 节插入和提取指令。

（2）无符号双字饱和打包指令 PACKUSDW 在 MMX 引入的紧缩整型打包的相关技术已覆盖专利技术保护，具体参见 1.1 节紧缩数据打包和拆开指令，相关专利为第 1 项~第 4 项。

（3）紧缩整型求最大值或最小值指令在 SSE 指令集引入的紧缩整型（无符号字节、带符号字）求最大值或最小值相关技术已覆盖专利技术保护，具体见 2.2.3 节紧缩整数最小值和最大值指令数据预处理电路优化。

6.1.1 紧缩浮点数点积

紧缩浮点数点积操作能提高图像显示及音视频数据回放等应用中密集的滤波和卷积操作中的数据并行性，增加吞吐量和缩短操作执行时钟周期。

【相关专利】

（1）US20080071851（Instruction and logic for performing a dot-product operation，2006 年 9 月 20 日申请，已失效）

（2）US20130290392（Instruction and logic for performing a dot-product operation，2013 年 3 月 15 日申请，已失效）

中国同族专利 CN 105022605 B、CN 107741842 B、CN 102004628 B 和 CN 101187861 B

【相关指令】

（1）SSE4.1 指令集指令（dot product of packed single precision floating-point values，紧缩单精度浮点数求点积）根据从立即数的高四位提取的掩码选择性地将在源和目的操作数中的对应紧缩单精度浮点数相乘，再将乘积相加得到点积并存储。

（2）SSE4.1 指令集的 DPPD 指令（dot product of packed double precision floating-point values，紧缩双精度浮点值求点积）根据从立即数[5:4]位提取的掩码选择性地将在源和目的操作数中的对应紧缩双精度浮点数相乘，再将乘积相加得到点积并存储。

（3）AVX 指令集的 VDPPS 和 VDPPD 指令，功能类似 SSE4.1 指令集下对应的 DPPS 和 DPPD 指令，可以扩展到 256 位紧缩数据，并且不破坏源数据的四操作数格式。

【相关内容】

本节专利技术提出了用于实现紧缩数据的点积操作的指令。点积操作是将两个紧缩数据的对应元素分别相乘，再将得到的至少两个乘积相加得到点积结果。该专利技术中未限定数据是紧缩整型或紧缩浮点型。

图 6.1 和图 6.2 分别是单精度紧缩数据执行点积操作的逻辑框图和电路框图。由于每个单精度浮点数是 32 位，128 位的源和目的操作数能存放四个双精度浮点数。两个单精度紧缩浮点数对应的四个元素分别相乘，得到乘积 A_0B_0、A_1B_1、A_2B_2 和 A_3B_3，再经过立即数 imm8[7:4]选择将乘积还是零值相加，其中立即数每一位对应选择一个乘积结果。然后得到的点积结果再由立即数 imm8[3:0]位选择存放在目的操作数的第几个数据元素的位置（R_0、R_1、R_2 或者 R_3）。

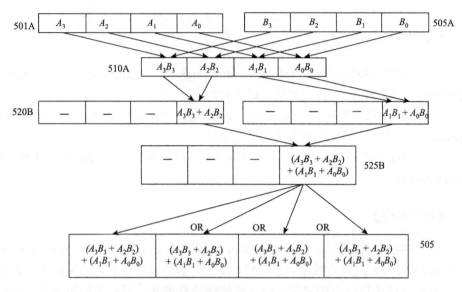

图 6.1　单精度紧缩数据执行点击操作的逻辑框图

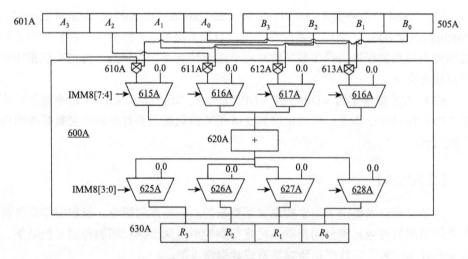

图 6.2　单精度紧缩数据执行点击操作的电路框图

双精度紧缩浮点数点积操作类似单精度紧缩浮点数点积操作。区别在于每个双精度浮点数是 64 位，128 位的源和目的操作数分别能存放两个双精度浮点数。

本节专利技术说明书中还给出了 DPPD 和 DPPS 指令的伪操作码，和手册中对应 DPPD 和 DPPS 指令的伪操作码一致。由于该专利技术中未限定紧缩浮点数的位数，也未限定数据类型为紧缩浮点数，该专利技术同样适用于 AVX 的 VDPPD 和 VDPPS 指令，还可以扩展到紧缩整型的点积操作（手册未公开相关指令）。

6.1.2　逻辑比较并设置零和进位

【相关专利】

（1）US7958181（Method and apparatus for performing logical compare operations，2006 年 9 月 21 日申请，预计 2030 年 3 月 23 日失效）

（2）US8380780（Method and apparatus for performing logical compare operations，2011 年 4 月 8 日申请，预计 2026 年 10 月 22 日失效）

（3）US8606841（Method and apparatus for performing logical compare operation，2012 年 10 月 19 日申请，预计 2026 年 9 月 21 日失效）

（4）US9043379（Method and apparatus for performing logical compare operation，2012 年 10 月 19 日申请，预计 2026 年 9 月 21 日失效）

（5）US9037627（Method and apparatus for performing logical compare operations，2013 年 2 月 8 日申请，预计 2026 年 9 月 21 日失效）

（6）US9170813（Method and apparatus for performing logical compare operations，2013 年 2 月 8 日申请，预计 2026 年 9 月 21 日失效）

中国同族专利 CN 102207849 B、CN 101937329 B 和 CN 101231583 B

【相关指令】

（1）SSE4.1 指令集的 PTEST（logical compare，逻辑比较）指令将源和目的操作数比较，如果两者"逻辑与"（AND）结果为全 0，那么设置零标志（zero flag，ZF）为 1；如果前者与后者的"反码逻辑与"（ANDN）结果为全 0，那么设置进位标志（carry flag，CF）为 1。

（2）AVX 指令集的 VPTEST（logical compare，逻辑比较）指令操作类似 PTEST，操作数大小可以扩展为 256 位。

（3）AVX 指令集的 VTESTPS（packed single-precision floating-point bit test，紧缩单精度浮点数位测试)指令根据紧缩单精度源和目标的符号位 AND 与 ANDN 的比较结果设置 ZF 和 CF。

（4）AVX 指令集的 VTESTPD（packed double-precision floating-point packed bit test，紧缩双精度浮点数位测试）指令根据紧缩双精度源和目标的符号位 AND 与 ANDN 的比较结果设置 ZF 和 CF。

【相关内容】

本节专利技术提出使用单个控制信号对多数据执行多个逻辑比较操作，并且根据比较结果设置零和进位标志的指令、方法和电路。该比较操作包括目的操作数和源操作数的逐位逻辑与操作、目的操作数的逐位反码与源操作数的逐位逻辑与操作，在该专利技术中使用不带限定性的缩写 LCSZC（logic compare，set zero flag and carry flag）表示。该逻辑比较操作所涉及的数据可以是紧缩或非紧缩数据、整型或浮点数。数据长度可以为 128 位或 256 位等，单个数据长度可以为 8 位、16 位、32 位等。

图 6.3 为 LCSZC 操作流程图。可见接收指令并译码，执行两个比较操作：①dest AND source（目标和源操作数逻辑与），并根据结果修改 ZF；②[NOT dest] AND source（目标按位取反和源操作数逻辑与），并根据结果修改 CF。还可以根据以上两个比较结果修改其他标志，如辅助进位标志（auxiliary carry flag，AF）、溢出标志（overflow flag，OF）、奇偶标志（parity flag，PF）和符号标志（sign flag，SF）。

表 6.1 为 PTEST、TESTPS 和 TESTPD 的指令定义。

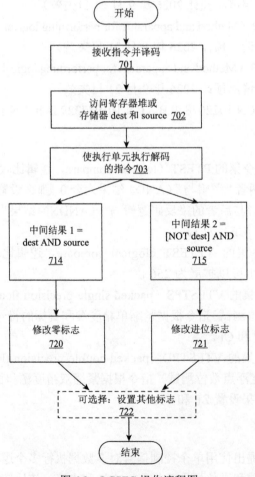

图 6.3　LCSZC 操作流程图

表 6.1　PTEST、TESTPS 和 TESTPD 的指令定义

指令	定义
PTEST XMM1，MXX2/M128	将源 128 位寄存器或源 128 位存储器内的所有位与寄存器内的 128 位目标进行比较；如果 XMM2/M128 AND XMM1 为全 0，那么设置 ZF；否则清除 ZF。如果 XMM2/M128 AND NOT XMM1 结果为全 0，那么设置 CF；否则清除 CF
TESTPS XMM1，XMM2/M128	将源（128 位寄存器或 128 位存储器）内的 4 个打包双字中每一个 MSB 与目标（128 位寄存器）内的 4 个打包双字中每一个相应 MSB 进行比较；如果 XMM2/M128 AND XMM1 的 MSB（第 127、95、63 和 31 位）为全 0，那么设置 ZF；否则清除 ZF。如果 XMM2/M128 AND NOT XMM1 的 MSB（第 127、95、63 和 31 位）结果为全 0，那么设置 CF；否则清除 CF
TESTPD XMM1，XMM2/M128	将源（128 位寄存器或 128 位存储器）内的 2 个打包四字中每一个 MSB 与目标（128 内寄存器）内的 2 个打包四字中每一个相应 MSB 进行比较；如果 XMM2/M128 AND XMM1 的 MSB（第 127 和 63 位）为全 0，那么设置 ZF；否则清除 ZF。如果 XMM2/M128 AND NOT XMM1 的 MSB（第 127 和 63 位）结果为全 0，那么设置 CF；否则清除 CF

执行 PTEST 指令操作是将 128 位源操作数和目的操作数逐位比较，再设置对应标志。图 6.4 和图 6.5 是 PTEST 操作流程图和 PTEST 操作电路示意图，本节专利技术中的 PTEST 指令与手册中 SSE4.1 指令集的 PTEST 指令相对应。

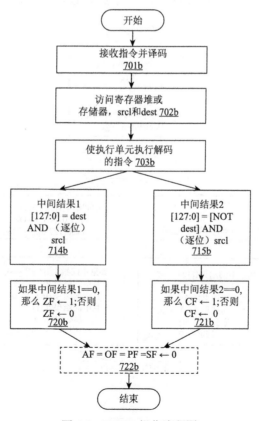

图 6.4　PTEST 操作流程图

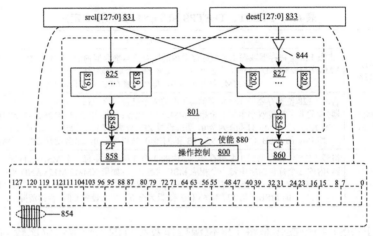

图 6.5　PTEST 操作电路示意图

执行 TESTPS 指令操作是将 128 位源操作数和 128 位目的操作数中每对对应位置的单精度浮点数据的符号位（MSB）进行比较，再设置对应标志。图 6.6 是 TESTPS

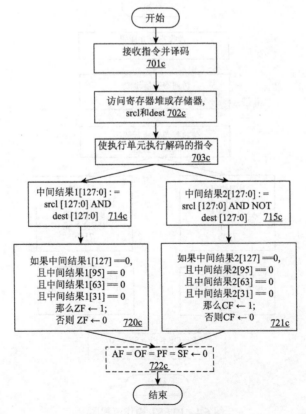

图 6.6　TESTPS 操作流程图

操作流程图，本节专利技术的 TESTPS 指令与手册中 AVX 指令集的 VTESTPS 指令相对应。

执行 TESTPD 指令操作是将 128 位源操作数和 128 位目的操作数中每对对应位置的单精度浮点数据元素的符号位（MSB）进行比较，再设置对应标志。图 6.7 是 TESTPD 操作流程图，本节专利技术的 TESTPD 指令与手册中 AVX 指令集的 VTESTPD 指令相对应。

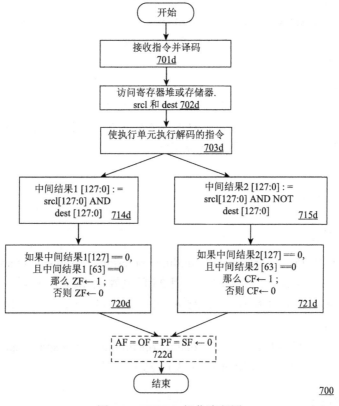

图 6.7　TESTPD 操作流程图

6.1.3　带舍入模式的紧缩和标量浮点值舍入

很多数学运算都需要用到舍入操作。例如，处理器会根据特定的舍入模式，将紧缩或标量浮点数通过舍入操作转变为整型数。SSE4.1 指令集的浮点舍入指令可以进行紧缩操作或标量单精度、双精度浮点数向整型数的舍入操作。

【相关指令】

（1）ROUNDPS（round packed single precision floating-point values into integer values and return rounded floating-point values，将紧缩单精度浮点值舍入到整型，并返回浮点值）。

（2）ROUNDPD（round packed double precision floating-point values into integer values and return rounded floating-point values，将紧缩双精度浮点值舍入到整型，并返回浮点值）。

（3）ROUNDSS（round scalar single precision floating-point values，将最低双字紧缩单精度浮点值舍入到整型，并返回浮点值）。

（4）ROUNDSD（round scalar double precision floating-point values，将最低四字紧缩双精度浮点值舍入到整型，并返回浮点值）。

（5）AVX 指令集的 VROUNDPS 和 VROUNDPD 指令。

指令格式以 ROUNDPD 为例：

$$\text{ROUNDPD xmm1, xmm2/m128, imm8}$$

对保存在 XMM2 或内存中的紧缩双精度浮点数进行舍入操作,结果保存在 XMM1 寄存器中，而舍入模式由立即数 imm8 指定。

1. 浮点舍入指令

【相关专利】

（1）US9223751（Performing rounding operations responsive to an instruction，2006 年 9 月 22 日申请,预计 2027 年 3 月 25 日失效；中国同族专利 CN 101149674 A、CN 103593165 B、CN 109871235 A、CN 105573715 B、CN 110471643 A 和 CN 101882064 B）

（2）US9286267（Performing rounding operations responsive to an instruction，2013 年 3 月 11 日申请，预计 2027 年 3 月 25 日失效）

【相关内容】

本节专利技术提出了在立即数中指定舍入模式，完成舍入操作的舍入指令。具体方法是在处理器中接收舍入指令和立即数，确定立即数的舍入模式覆写指示符是否有效；并且如果有效，那么在处理器的浮点单元中响应该舍入指令，并且根据在立即数中规定的舍入模式，对源操作数执行舍入操作。

舍入指令包括 ROUNDPD、ROUNDDPS、ROUNDSD 和 ROUNDSS 指令。ROUNDPD 指令格式为

$$\text{ROUNDPD xmm1, xmm2/128, imm8}$$

ROUNDPD 指令执行双精度浮点数的舍入操作，XMM2 寄存器或内存提供源

操作数，舍入模式由立即数 imm8 指定，舍入结果保存在 XMM1 寄存器中，其他指令格式类似。其中立即数 imm8 指定的浮点舍入模式如表 6.2 所示。

表 6.2　浮点舍入模式

立即数字段	浮点舍入模式
000	最接近的偶数
001	朝 −∞ 的方向
010	朝 +∞ 的方向
011	截断（舍入到 0）
100	部分向远离 0 的方向舍入
101	向远离 0 的方向舍入

接收和执行舍入指令的操作流程如图 6.8 所示。首先，控制器接收舍入指令；

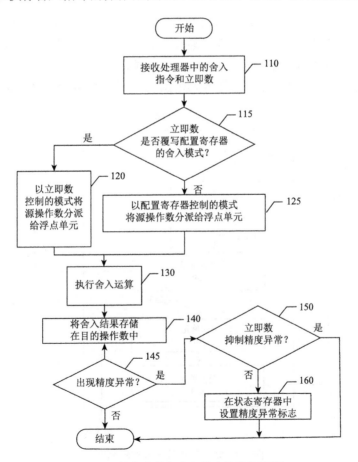

图 6.8　接收和执行舍入指令的操作流程

其次，判断其中的立即数是否覆盖原配置寄存器；如果是，那么将源操作数交给浮点单元，并将浮点单元配置为立即数定义的舍入模式；如果不是，那么将源操作数交给浮点单元并使用默认的舍入模式；然后，浮点单元按照指定的舍入模式完成舍入操作，并将结果保存到目的操作数中；最后，浮点单元判断是否有精度异常发生并按照相应的异常处理方法处理异常，结束整个流程。

2. 浮点舍入逻辑实现

【相关专利】

US8732226（Integer rounding operation，2006 年 6 月 6 日申请，已失效）

【相关内容】

　　本节专利技术提出了将输入紧缩浮点数舍入到整数并输出该整数舍入版本的浮点数指令。该指令包含三个参数，参数 1 输入浮点值，参数 2 输出经舍入转换的浮点值，参数 3 为一个立即数，指明舍入模式。

　　紧缩浮点数舍入逻辑框图如图 6.9 所示，图中包含响应该浮点舍入指令的五

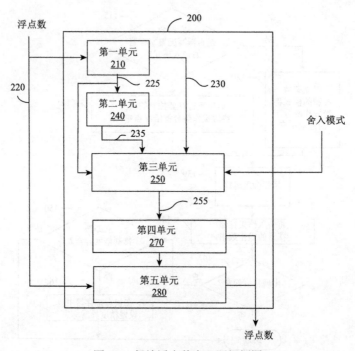

图 6.9　紧缩浮点数舍入逻辑框图

个单元。第一单元将参数 1 中的浮点数转化到整数并操控转化状态信号；第二单元在整数上加一个值生成第二个整数；第三单元根据立即数提供的舍入模式从之前两个整数中选择一个作为结果整数；第四单元将结果整数处理成输出浮点数版本，可直接输出；一旦第一单元指示整数溢出，第五单元将输入浮点数作为输出。

6.2　SSE4.2

SSE4.2 指令集分包括字符串和文本新指令 STTNI（string & text new instructions）和面向应用的加速器指令 ATA（application targeted accelerators）两大类。

6.2.1　字符串和文本比较

随着计算和通信具有越来越丰富的文本信息，对文本信息的处理和解析变得日益重要。现有技术仅由多指令组成的指令序列执行相关操作，导致了处理周期长和额外的能量消耗,因此英特尔公司在 2006 年引入了字符串和文本新指令相关专利技术。新指令主要用于加速 XML 语法解析、加速搜索和模式匹配，以及并行数据匹配和比较等。2012 年，英特尔公司进一步推出使用该类指令或包含该类指令的指令序列，并将其用于向量化模式搜索的方法。

【相关指令】

（1）PCMPESTRI（packed compare explicit-length strings，return index in ECX/RCX，紧缩比较显式长度字符串，在 ECX/RCX 返回索引）

（2）PCMPESTRM（packed compare explicit-length strings，return mask in XMM0，紧缩比较显式长度字符串，在 XMM0 返回掩码）

（3）PCMPISTRI（packed compare implicit-length strings，return index in ECX/RCX，紧缩比较隐式长度字符串，在 ECX/RCX 返回索引）

（4）PCMPISTRM（packed compare implicit-length strings，return mask in XMM0，紧缩比较隐式长度字符串，在 XMM0 返回掩码）

（5）AVX 指令集的 VPCMPESTRI、VPCMPESTRM、VPCMPISTRI 和 VPCMPISTRM 指令。

（6）MMX、SSE2、AVX、AVX2 指令集的 (V)PCMPEQB/PCMPEQW/PCMPEQD[①]（compare packed data for equal，比较紧缩数据相等）指令分别比较目的操作数（第一操作数）与源操作数（第二操作数）中对应位置的紧缩字节、

---

① 该类指令仅和 6.2.1 节第 2 部分专利相关。

字或双字是否相等。如果一对数据元素相等，那么将目的操作数中的相应数据元素设置为全 1；否则设置为全 0。

1. 串比较操作新指令

【相关专利】

（1）US9069547（Instruction and logic for processing text strings，2006 年 9 月 22 日申请，预计 2029 年 4 月 5 日失效，中国同族专利 CN 102073478 B、CN 101251791 B、CN 104657112 B、CN 104657113 B、CN 108052348 A、CN 107015784 A、CN 102999315 B 和 CN 105607890 B）

（2）US9063720（Instruction and logic for processing text strings，2011 年 6 月 20 日申请，预计 2028 年 6 月 21 日失效）

【相关内容】

本节专利技术提出了用于任意信息（文本、数字或其他数据）串比较的指令和逻辑，该串比较操作生成指示符，可以表示元素是否相等、索引值、掩码值、其他数据结构或指针等。

图 6.10 是根据本节专利技术对紧缩数据操作数执行串比较操作的逻辑图。数

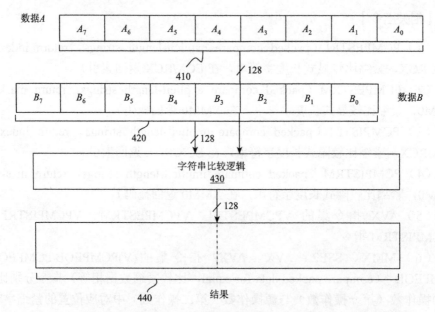

图 6.10　根据本节专利技术对紧缩数据操作数执行串比较操作的逻辑框图

据 *A* 和数据 *B* 均由八个数据元素组成，每个数据元素为 16 位。将数据 *A* 和数据 *B* 中对应位置的数据元素进行比较，并存储每个比较结果。数据 *A*、数据 *B* 和比较结果可以存储在寄存器、寄存器堆和存储器中，如数据 *A*、数据 *B* 存储在 128 位宽度的 XMM 寄存器；结果存储在 XMM 寄存器或 EAX 寄存器中。

根据串比较逻辑的不同，结果不同。串比较逻辑可以是数据 *A* 和数据 *B* 中每对对应位置的数据比较，也可以是有效元素的比较，还可以是数据 *A* 的每个元素与数据 *B* 的每个元素比较等。

数据的有效元素可以显式或隐式地指定有效。如可以把操作数的每个数据元素对应一个有效性指示符放在另一个存储区域，也可以隐式地通过操作数内存储的空或零表示，如空字节可以指示比空字节高的字节的所有数据元素均无效。

图 6.11 是串比较操作的阵列框图。阵列 510 是两个操作数（图中每个操作数有 16 个数据元素）的每个数据元素比较的结果，共有 16×16 个阵列结果。阵列

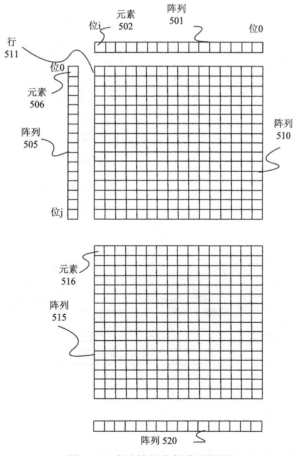

图 6.11　串比较操作的阵列框图

501 和阵列 505 分别指示两个操作数的每个数据元素是否有效，如果可以假设为 1，那么表示对应数据元素有效。阵列 515 存储每个数据元素比较结果和数据元素有效的综合结果（例如，与）。例如，行 511 的左侧第一个比较结果和元素 506、502 进行逻辑与，则得到结果并存储到元素 516 中，以此类推。阵列 520 是结果阵列，存储比较相关的各种指示符。该结果非常灵活，可以表示为掩码值或索引值等，可以根据需求变换为不同的指令实现。

图 6.12 给出了两个紧缩操作数进行串比较操作四条指令的一个示例，是手册中 PCMPSTRx 和 PCMPESTRx 操作的简化版。其中立即数控制比较的属性，如有无符号、元素位宽、比较范围、是否取反等。

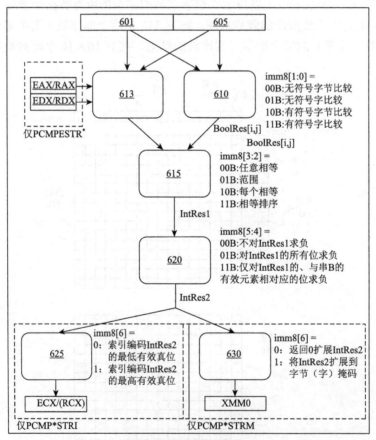

图 6.12　串比较操作[11]

2. 向量化模式搜索

在用于查找字符串的算法当中，波伊尔摩尔（Boyer-Moore，BM）算法是相当有效的。多种 BM 算法变形常常用于模式搜索，而在当前滑动窗口中并未找到模式时，这些 BM 变体需要查找表，如"坏字符表"，去确定滑动窗口移位距离。而移位距离通常受限于模式（串）的长度。本节提出一种高效的向量化模式搜索方法，重点在于不需要查找表，并且滑动窗口位移距离比模式（串）长度大。

【相关专利】

US20140019718（Vectorized pattern searching，2012 年 7 月 10 日申请，已失效）

【相关内容】

本节专利技术提出在一组数据集 T 中向量化搜索模式 P 的计算机实现方法、系统和计算机可读媒介。如果模式 P 长度为 m 字节，那么在当前滑动窗口中，将基于部分模式 P 和数据 T 的一个或多个有序向量化进行比较，在模式 P 无潜在匹配的情况下，滑动窗口位移的距离 d 比 m 大。比较过程中使用 SIMD 比较指令。图 6.13 和图 6.14 为向量化模式搜索示例及相应的流程图。示例流程图中潜在匹配步骤 402 和 404 比较可以采用(V)PCMPESTRI 指令，发现完全匹配步骤 408 可以使用(V)PCMPEQB 指令。

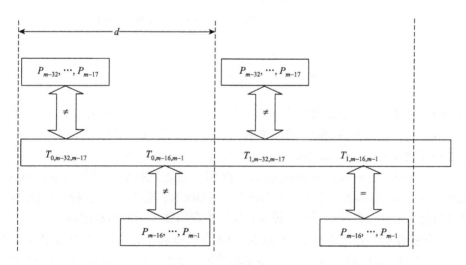

图 6.13　向量化模式搜索示例

6.2.2　面向应用的加速器指令

面向应用的加速器指令包括冗余校验 CRC32 指令（accumulate CRC32 value，

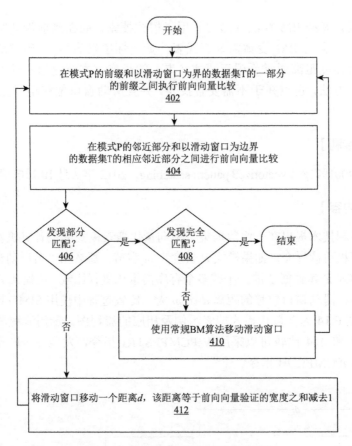

图 6.14　向量化模式搜索示例流程图

累积 CRC32 值），计算源操作数中 1 的个数 POPCNT 指令（return the count of number of bits set to 1，返回比特数的计数设置为 1）。基于硬件的 CRC32 指令，可以加速网络附加存储（network attached storage，NAS），改进网络小型计算机系统接口（internet small computer system interface，iSCSI）、远程直接数据存取（remote direct memory access，RDMA）等软件协议的效率。POPCNT 指令可以提高在基因配对、声音识别等包含大数据集中进行模式识别和搜索等操作的应用程序性能。

　　由于操作数为通用寄存器，CRC32 相关专利技术分析见《微处理器体系结构专利技术研究方法　第一辑：x86 指令集总述》中 2.3.2 节的第 2 部分 CRC32 指令和应用。POPCNT 指令未发现相关指令定义专利。

第7章 其他流式传输 SIMD 指令
或指令序列专利技术

第 7 章集合在手册中并未公开相关指令助记符及操作的 SIMD 指令专利技术。

7.1 数据交换取反指令增强复数乘法操作

【相关专利】

（1）US6272512（Data manipulation instruction for enhancing value and efficiency of complex arithmetic，1998 年 10 月 12 日申请，已失效）

（2）US6502117（Data manipulation instruction for enhancing value and efficiency of complex arithmetic，2001 年 6 月 4 日申请，已失效）

【相关指令】

浮点互换取反 FSWAP 指令，包括浮点互换左数符号取反 FSWAP-NL 指令和浮点互换右数符号取反 FSWAP-NR 指令，详见相关内容。手册未公开相关指令。

【相关内容】

本节专利技术提出了完成复数乘法的处理器、方法和装置，其中执行单条 SIMD 指令，对寄存器中的高低位两个数据元素进行互换，并且其中任意数据之一取负。单条 SIMD 指令可以替代三条移动指令且不需要临时存储。

图 7.1 为指令操作示意图。图 7.2 为使用交换取反指令完成复数乘法示意图，其中每个复数的实部和虚部是一个紧缩数据。

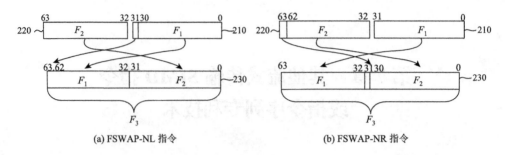

(a) FSWAP-NL 指令　　　　　　　　　(b) FSWAP-NR 指令

图 7.1　指令操作示意图

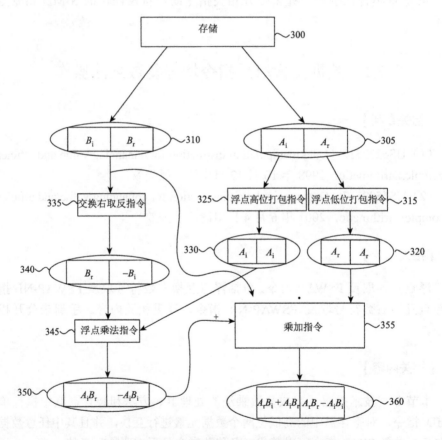

图 7.2　使用交换取反指令完成复数乘法示意图

7.2　紧缩整数转换为紧缩浮点数的指令序列优化

紧缩整数转换为紧缩浮点数操作可以用于三维图像或多媒体算法中，如像素渲染，以及亮度、角度和纹理计算中。尽管英特尔公司在 SSE 指令集推出了 CVTPI2PS 单条指令就能够完成将紧缩整数转换为紧缩浮点的操作，英特尔公司还申请了 7.2 节的相关专利，提出通过符号扩展、转换和打包的指令组合来实现将紧缩整数转换为紧缩浮点数的操作。

【相关专利】

US6212627（System for converting packed integer data into packed floating point data in reduced time，1998 年 10 月 12 日申请，已失效）

【相关指令】

FSXT（包括 FSXTL 或 FSXTNL，FSXTR 或 FSXTNR）、FCV 和 FPACK 的指令完成将紧缩浮点数转换为紧缩整数的操作。具体如下：

（1）FSXTL（FSXTNL）（floating-point sign extend left）指令将源操作数中的第二个数据元素放置到目的操作数的第一个数据元素位置，并将符号位扩展到目的操作数剩余位。

（2）FSXTR（FSXTNR）（floating-point sign extend right）指令将源操作数中的第一个数据元素放置到目的操作数的第一个数据元素位置，并将符号位扩展到目的操作数剩余位。

（3）FCVT（floating-point convert）指令将浮点寄存器中的整型数据元素转换为浮点数（本指令仅适用于标量）。

（4）FPACK（floating-point pack）指令将两个操作数中的两个扩展精度浮点数据元素（82 位）打包到一个包含两个单精度浮点的结果（64 位）中。

【相关内容】

完成紧缩整数转换为紧缩浮点数操作的现有技术如图 7.3 所示，需要至少 10 条指令，并且有 3 条指令涉及相对耗时的内存间的操作。紧缩整数转换为紧缩浮点数的专利技术示意图如图 7.4 所示，完成相应操作仅需要 5 条指令，且数据来源仅在寄存器中，能大大节省执行时间和资源占用。其中，530 和 520 分别执行针对紧缩浮点数的符号扩展指令，将紧缩浮点数的两个数据元素存放到两个寄存器，并分别扩展符号位；550 和 540 分别执行两条浮点转换指令，将标量整数转换为标量扩展浮点数格式；最后 560 将两个标量浮点数打包成一个 64 位紧缩单精度浮点数。

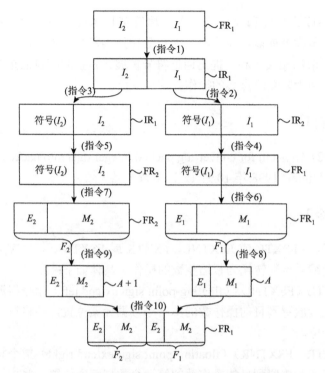

图 7.3　完成紧缩整数转换为紧缩浮点数操作的现有技术

7.3　带存取模式的存储器存取指令

【相关专利】

US7143264（Apparatus and method for performing data access in accordance with memory access patterns，2002 年 10 月 10 日申请，已失效，中国同族专利 CN 100351814C）

【相关指令】

高速缓存处理器 CP 移动指令，即 CP 加载及存储器存取指令 CPMOV，详见相关内容。手册未公开相关指令。

【相关内容】

视频、图像和矩阵算法等数据存放在高速缓存线中，通常为纵向或横向，而常规数据访存通常是横向访问一条缓存线。处理图像块时常常需要跨多条高速缓存线访问（访问纵向数据集），此时一般采用打包和拆开指令转换数据，但因为多余的数据缓存到高速缓存中，降低了高速缓存效率。本节专利技术提出了可以根

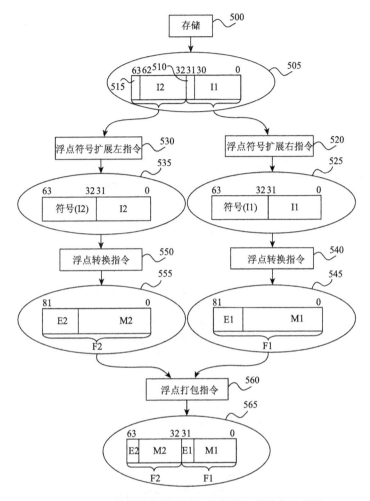

图 7.4　紧缩整数转换为紧缩浮点数的专利技术示意图

据变化的存取模式来存取数据的存储器存取指令、方法和装置。传统光栅扫描存储器排列和专利技术随机存取技术示意图如图 7.5 所示。

专利技术根据变化的存储器访问模式进行数据存取。应用包括图像和视频算法中零树（zerotree）图像编码，用于离散余弦变换的之字型（zig-zag pattern）扫描，图像位平面提取（bit plane extraction）等。带存取模式存储器存取指令执行流程如图 7.6 所示。存储器存取指令格式为

CPMOV[B/W/D]2[Q/DQ] [mmx/xmm],pattern_map,start_addr,offset

其中 CPMOV 为助记符；pattern_map 指定了一个包含多个地址的存储单元，这些地址定义了存储器存取模式；start_addr 涉及图像块起始地址；offset 涉及距离先前或起始地址的偏移量。

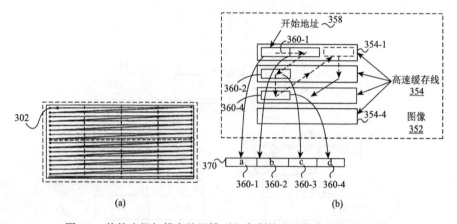

图 7.5 传统光栅扫描存储器排列和专利技术随机存取技术示意图

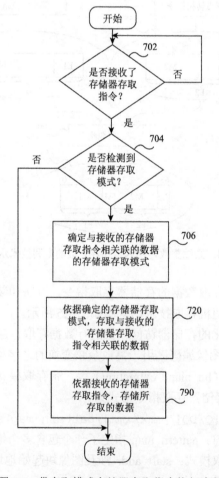

图 7.6 带存取模式存储器存取指令执行流程

7.4　四像素平均值指令逻辑实现和电路改进

图像和视频处理技术中需要滤波与图像估计，其中涉及对像素值进行平均的操作。对于此类求平均值的计算密集型操作，本节引入 SIMD 操作的多个像素的求平均值的指令和电路。现有技术中采用了 40 位 SIMD 算术逻辑单元完成四像素平均操作，其中每个字节包含两个冗余比特位，一个用于控制移位操作，另一个用于阻断或传播进位。但是该算术逻辑单元比其他利用加法指令的 36 位 SIMD 加法器占用芯片面积多。针对上述缺点，英特尔公司提出三个专利技术并对此进行了改进，手册未公开相关指令。本节专利技术可能应用于基于 ARM 核的 XScale 技术的"英特尔个人互联网用户端架构"（英特尔 PCA）应用处理器或者 SIMD 协处理器。

7.4.1　四像素平均指令 FPA 实现电路优化

【相关专利】

US7035331（Method and apparatus for performing a pixel averaging instruction，2002 年 2 月 20 日申请，预计 2024 年 2 月 15 日失效，中国同族专利 CN 1636201 A）

【相关指令】

四像素平均（four-pixel average，FPA）指令。

【相关内容】

本节专利技术提出了一种使用更通用的 36 位 SIMD 加法器完成四像素求平均值的指令、方法和装置。执行该指令，将若干像素值和一个舍入向量压缩成一个和向量与进位向量，并且丢弃进位向量最低一位与和向量最低两位，最后将此和向量与进位向量相加，生成一个像素平均值。

四像素平均指令 FPA 可以对四个相邻像素或不同时刻的多帧同一像素执行四像素平均 SIMD 指令，其指令格式是

FPA<H, L>{R} wRd wRn wRm

式中，wRn 和 wRm 为各自包含五个字节的紧缩数据，分别存在 wRn 和 wRm 寄存器；wRd 为目的寄存器存放的八个字节的紧缩数据，包含四个 8 位的像素平均值结果。H、L 和 R 是限定符，H 表示结果被存放到 wRd 高位四个字节中，

L 表示结果被存放到 wRd 低位四个字节中，R 表示舍入值。该指令执行的操作如下所示。

（1）若限定了 H，则有

```
wRd[byte7]=(wRn[byte 4]+wRm[byte 4]+wRn[byte 3]
            +wRm[byte 3]+Round)>>2,
wRd[byte6]=(wRn[byte 3]+wRm[byte 3]+wRn[byte 2]
            +wRm[byte 2]+Round)>>2,
wRd[byte 5]=(wRn[byte 2]+wRm[byte 2]+wRn[byte 1]
            +wRm[byte 1]+ Round)>>2,
wRd[byte 4]=(wRn[byte 1]+wRm[byte 1]+wRn[byte 0]
            +wRm[byte 0]+Round)>>2,
wRd[byte 3]=wRd[byte 2]=wRd[byte 1]=wRd[byte 0]=0
```

（2）若限定了 L，则有

```
wRd[byte 3]=(wRn[byte 4]+wRm[byte 4]+wRn[byte 3]
            +wRm[byte 3]+Round)>>2,
wRd[byte 2]=(wRn[byte 3]+wRm[byte 3]+wRn[byte 2]
            +wRm[byte 2]+Round)>>2,
wRd[byte 1]=(wRn[byte 2]+wRm[byte 2]+wRn[byte 1]
            +wRm[byte 1]+Round)>>2,
wRd[byte 0]=(wRn[byte 1]+wRm[byte 1]+wRn[byte 0]
            +wRm[byte 0]+Round)>>2,
wRd[byte 7]=wRd[byte 6]=wRd[byte 5]=wRd[byte 4]=0
```

式中，>>2 表明结果向右移两位，即结果除以 4。

本节专利技术执行四像素平均 SIMD 操作的功能框图如图 7.7 所示。可见其中包含四个 5 到 2 压缩器、一个 36 位 SIMD 加法器和一个选择器阵列。其中每个压缩器将五个向量（即四个操作数与一个舍入值）压缩为和向量（S）与进位向量（C）两个向量，例如，模块 108 将 wRn[byte 0]、wRn[byte 1]、wRm[byte 0]、wRm[byte 1]及舍入值 R 压缩，产生的和向量与进位向量连同其他压缩器产生向量一起送入 36 位 SIMD 加法器。36 位 SIMD 加法器将来自不同压缩器的和向量与进位向量分别进行操作，产生如图 7.8 所示的 36 位 SIMD 加法器执行结果，四个字节外加 4 位冗余比特位指示阻断或传播加法进位。选择器阵列根据限定值 H 或 L 选择将四个字节存储在高四字节或低四字节。

5 到 2 压缩器包含三级进位移位加法器。每一级能分别将三个向量压缩为一个和向量与一个进位向量。其中最低两位被丢弃，即该加法器无须执行移位操作就可以完成平均值操作。

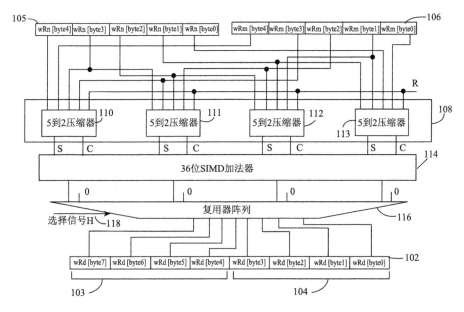

图 7.7　执行四像素平均 SIMD 操作的功能框图

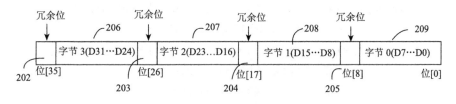

图 7.8　36 位 SIMD 加法器执行结果

7.4.2　四数据平均值指令 WAVG4 电路优化技术和图像缩小应用

【相关专利】

（1）US7328230（SIMD four-data element average instruction，2004 年 3 月 26 日申请，已失效）

（2）US7529423（SIMD four-pixel average instruction for imaging and video applications，2004 年 3 月 26 日申请，预计 2024 年 11 月 3 日失效）

【相关指令】

求四数据平均值指令 WAVG4。

【相关内容】

本节专利技术提出了用于计算四数据元素的平均值指令 WAVG4 的执行方法、系统及应用于图像缩小的方法和系统。

如果每个像素用 8 位数据表示，四数据平均值指令 WAVG4 可以对四个相邻像素或不同时刻的多帧同一像素计算四个像素的平均值，其示例指令格式为

$$WAVG4\{R\}\{Cond\}\ \ wRd,wRn,wRm$$

式中，wRn 和 wRm 为无符号紧缩 8 位数据，分别存在 wRn 和 wRm 寄存器；wRd 为目的寄存器存放的无符号紧缩 8 位数据，包含四个 8 位的像素平均值结果；R 为舍入值；Cond 为执行条件，如果不为真，那么指令不执行。当 Cond 为真时，执行如下操作：

```
Round=(R Specified)?:1:0;
wRd[byte 7]=0;
wRd[byte 6]=(wRn[byte 7]+wRm[byte 7]+wRn[byte 6]
            +wRm[byte 6]+1+Round)>>2;
wRd[byte 5]=(wRn[byte 6]+wRm[byte 6]+wRn[byte 5]
            +wRm[byte 5]+1+ Round)>>2;
wRd[byte 4]=(wRn[byte 5]+wRm[byte 5]+wRn[byte 4]
            +wRm[byte 4]+1+Round)>>2;
wRd[byte 3]=(wRn[byte 4]+wRm[byte 4]+wRn[byte 3]
            +wRm[byte 3]+1+Round)>>2;
wRd[byte 2]=(wRn[byte 3]+wRm[byte 3]+wRn[byte 2]
             +wRm[byte 2]+1+Round)>>2;
wRd[byte 1]=(wRn[byte 2]+wRm[byte 2]+wRn[byte 1]
            +wRm[byte 1]+1+Round)>>2;
wRd[byte 0]=(wRn[byte 1]+wRm[byte 1]+wRn[byte 0]
            +wRm[byte 0]+1+ Round)>>2;
```

式中，>>2 表明结果向右移两位，即结果除以 4。

执行四数据平均值指令的电路框图如图 7.9 所示。电路主要包括第一级加法器电路、第二级加法器电路和丢弃电路。第一级加法器电路把两操作数每个对应位置的数据元素相加，生成一组中间值；第二级加法器电路把每两个相邻的第一级加法器电路的结果中间值相加，生成四数值和；丢弃电路将每个四数值和右移两位，即丢弃最低两位，得到四数值平均值。

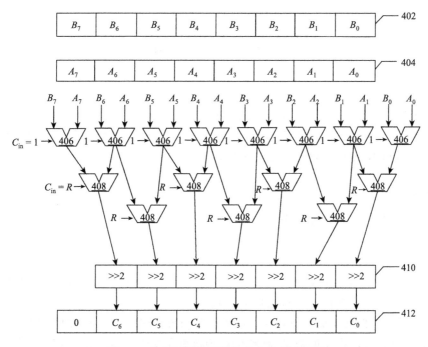

图 7.9 执行四数据平均值指令的电路框图

本节专利技术除了提出以上电路装置,还提出了使用该装置执行包含 WAVG4 指令的指令序列,以及将图像缩小的方法和系统。图 7.10 是采用 2×2 盒滤波器内核将 32 个像素的图像缩小为 8 个像素的示意图。

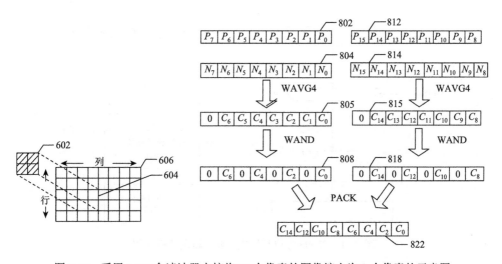

图 7.10 采用 2×2 盒滤波器内核将 32 个像素的图像缩小为 8 个像素的示意图

7.5　移位和异或指令

【相关专利】

US9747105（Method and apparatus for performing a shift and exclusive or operation in a single instruction，2009 年 12 月 17 日申请，预计 2030 年 12 月 24 日失效，中国同族专利 CN 102103487 B、CN 104598203 B）

【相关指令】

本节专利中未公开相关指令助记符。

【相关内容】

本节专利技术提出了一条用于实现移位与异或（shift and XOR）运算的指令和操作，该指令主要用于执行数据去重复。

图 7.11 是 SIMD 移位与异或运算逻辑图和流程图。运算数 401 在移位器 410 中被移位计数 405 指定的数量。被移位后的数再在异或逻辑 420 中和输入的值 430 异或。最后生成结果在 425 中。运算数 401 可以是标量或数据元素不同粒度的紧缩浮点、整型数等；移位计数 405 可以是紧缩数据或向量等。移位方向可以是左移或右移，类型可以是逻辑或算术。

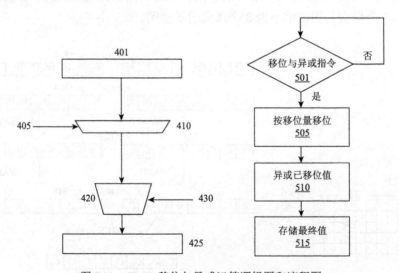

图 7.11　SIMD 移位与异或运算逻辑图和流程图

第8章 高级矢量扩展指令集专利技术

英特尔公司在 2011 年的 Sandy Bridge 微架构处理器中，推出了高级矢量扩展指令集 AVX。AVX 是一套针对英特尔公司的 SIMD 流指令扩展的 256 位指令集，专为图像、音视频处理、科研模拟、金融分析和三维建模与分析等浮点密集型应用而设计。AVX 指令集使用 VEX 前缀，并扩展操作数为更宽的 256 位寄存器，使系统性能得到了提升。

AVX 架构支持三种操作数，可以提升指令编程灵活性，并支持非破坏性的源操作数。传统的 128 位 SIMD 指令也经过扩展，支持三种操作数和新的 VEX 指令加密格式。

8.1 掩码移动指令

【相关专利】

（1）US9529592（Instructions and logic to perform mask load and store operations，2007 年 12 月 27 日申请，已失效）

（2）US10120684（Instructions and logic to perform mask load and store operations，2013 年 3 月 11 日申请，预计 2030 年 7 月 1 日失效）

中国同族专利 CN 101488084 B 和 CN 102937890 B。

【相关指令】

AVX 指令集 VMASKMOV（SIMD 紧缩浮点数条件加载/存储）类指令和 AVX2 指令集 VPMASKMOV（SIMD 紧缩整数条件加载/存储）类指令共 16 条，具体如表 8.1 所示。

表 8.1 VMASKMOV 类指令

序	助记符	目的数	掩码	源操作数	L/S	指令集
1	VMASKMOVPS	xmm1	xmm2	m128	Load	AVX
2	VMASKMOVPD	xmm1	xmm2	m128		
3	VMASKMOVPS	m128	xmm1	xmm2	Store	
4	VMASKMOVPD	m128	xmm1	xmm2		

序	助记符	目的数	掩码	源操作数	L/S	指令集
5	VMASKMOVPS	ymm1	ymm2	m256	Load	AVX
6	VMASKMOVPD	ymm1	ymm2	m256		
7	VMASKMOVPS	m256	ymm1	ymm2	Store	
8	VMASKMOVPD	m256	ymm1	ymm2		
9	VPMASKMOVD	xmm1	xmm2	m128	Load	AVX2
10	VPMASKMOVQ	xmm1	xmm2	m128		
11	VPMASKMOVD	m128	xmm1	xmm2	Store	
12	VPMASKMOVQ	m128	xmm1	xmm2		
13	VPMASKMOVD	ymm1	ymm2	m256	Load	
14	VPMASKMOVQ	ymm1	ymm2	m256		
15	VPMASKMOVD	m256	ymm1	ymm2	Store	
16	VPMASKMOVQ	m256	ymm1	ymm2		

【相关内容】

本节专利技术提出了执行掩码（mask，也称为屏蔽）移动，包含加载和存储（load 和 store）的指令、逻辑、装置和方法。掩码加载指令操作的基本流程是全宽度加载（128 位或 256 位），然后与掩码寄存器执行"逻辑与"操作，将所有掩码对应位置在目的存储中置零。如果操作发生了故障，如页故障、分段违规、数据断点等，那么生成异常。如果该异常是掩码加载操作造成的（操作执行前设置了相关掩码标志），那么激活微代码执行非优化加载操作的慢速处理。掩码加载操作流程图如图 8.1 所示，非优化向量掩码加载操作流程图如图 8.2 所示。

掩码存储指令操作和掩码加载指令操作类似。若存储不发生故障，则根据掩码执行全宽度存储操作。在有故障情况中，可以激活微代码慢速处理。掩码存储操作流程图如图 8.3 所示，非优化向量掩码存储操作流程图如图 8.4 所示。

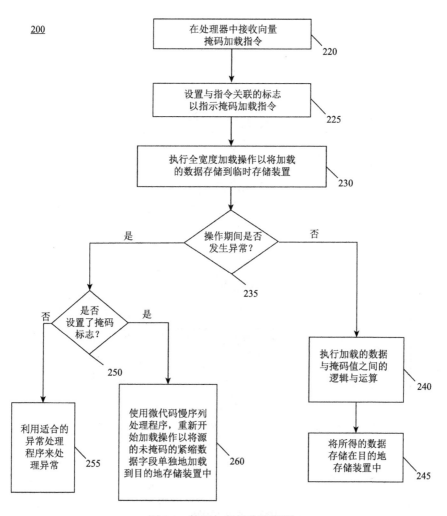

图 8.1 掩码加载操作流程图

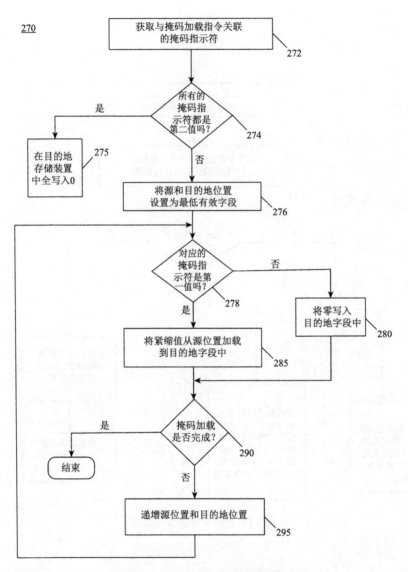

图 8.2 非优化向量掩码加载操作流程图

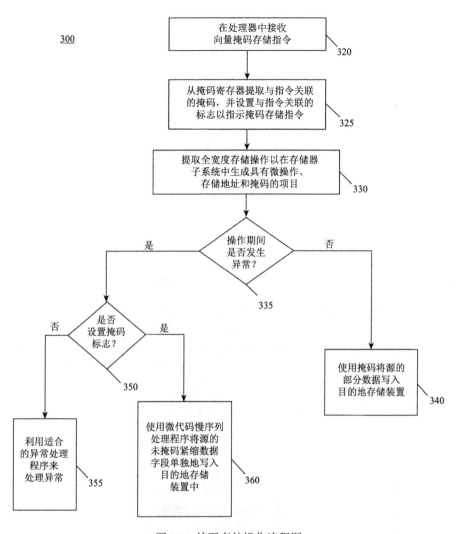

图 8.3　掩码存储操作流程图

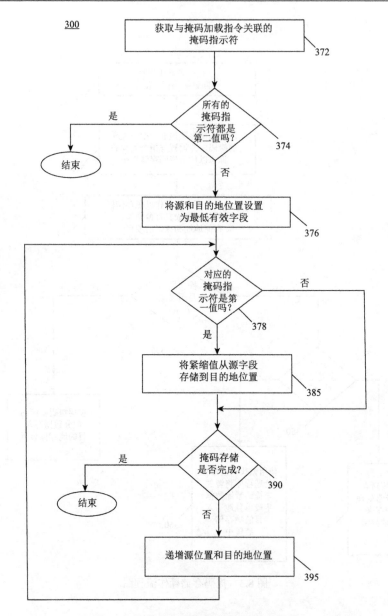

图 8.4 非优化向量掩码存储操作流程图

8.2 高精度的浮点倒数计算指令实现方法

　　1999 年英特尔公司推出的 SSE 指令集中包含了计算浮点值的倒数的指令, 即传统倒数指令, 包括标量和紧缩浮点倒数类指令及浮点数平方根倒数类指令, 但执行结果的相对误差比较大, 最大精度只能达到 2^{-11}, 并且对于非规格化浮点数不能提供正确值。当 AVX 指令集推出时，英特尔公司推出了相应的倒数指令，提高了相对误差精度[①]，能处理非规格化浮点数的输入，且显著地减少软件开销。同时改进了求倒数的硬件以兼容 SSE 指令集的传统倒数指令。

【相关专利】

US8706789（Performing reciprocal instructions with high accuracy，2010 年 12 月 22 日申请，预计 2033 年 1 月 31 日失效）

【相关指令】

本节专利技术包含 SSE 指令集的 4 条传统指令（精度改进）和 AVX 指令集的 6 条指令。SSE 指令集包含：

（1）RCPPS（compute reciprocals of packed single-precision floating-point values，计算紧缩单精度浮点值的倒数）指令执行计算源操作数（第二操作数）中四个紧缩单精度浮点值的倒数近似值，并在目地操作数存储紧缩单精度浮点结果。两操作数均为 XMM 寄存器，源操作数也可以为 128 位存储器位置。

（2）RCPSS（compute reciprocal of scalar single-precision floating-point values，计算标量单精度浮点值的倒数）指令执行计算源操作数（第二操作数）中的低阶单精度浮点值的倒数近似值，并在目地操作数存储单精度浮点结果。两操作数均为 XMM 寄存器，源操作数也可以为 32 位存储器位置。目的操作数三个高阶双字值不变。

（3）RSQRTPS（compute reciprocals of square roots of packed single-precision floating-point values，计算紧缩单精度浮点值的平方根的倒数）指令执行计算源操作数（第二操作数）中四个紧缩单精度浮点值的平方根倒数的近似值，并在目地操作数存储紧缩单精度浮点结果。两操作数均为 XMM 寄存器，源操作数可为 128 位存储器位置。

（4）RSQRTSS（compute reciprocal of square root of scalar single-precision floating-point value，计算标量单精度浮点值的平方根的倒数）指令执行计算源操作数（第二操作数）中的低阶单精度浮点值的倒数近似值，并在目地操作数存储单精度浮点结果。两操作数均为 XMM 寄存器，源操作数也可以为 32 位存储器位置。目的操作数中三个高阶双字值不变。

（5）AVX 指令集的 6 条指令包含：VRCPPS 指令（2 条指令）；VRCPSS 指令；VRSQRTPS 指令（2 条指令）；VRSQRTSS 指令。6 条指令分别和 SSE 对应指令操作类似。其中 VRCPPS 和 VRSQRTPS 各自两条指令分别为 128 位和 256 位操作数（当操作数为 256 位寄存器时，使用 YMM 寄存器）；VRCPSS 和 VRSQRTSS

---

① 本节专利中提出的相对误差小于 2^{-14}，手册中的误差是小于或等于 1.5×2^{-12}。

计算第二源操作数最低阶一个标量单精度浮点值的倒数或平方根倒数，结果存储到目的数低阶，同时将第一源操作数的高阶数[127: 32]存储到目的数高阶。

【相关内容】

本节专利技术提供了如下的改进或优化：

（1）本节专利技术提供了一种改进算法来生成查找表，而非使用传统的泰勒级数算法。改进算法中计算的初始点被选在给定的区间的中点，因此可以减少计算的相对误差。

（2）本节专利的优化涉及全符号消除。执行倒数计算指令实质是计算 dest＝ax＋b，其中存储系数 a 和自由项 b 存储在查找表中。该优化方法是通过查找表向自由项 b 中添加一个特殊常量，因此不再需要用于符号消除的硬件。

（3）本节专利技术支持传统倒数指令。为了让程序员能使用传统倒数指令，提供了硬件修正。具体是在查找表中提供额外的数据实现少量位，这些位插入求倒数的硬件，可以生成较低精度的传统倒数指令执行结果。

倒数计算指令操作流程图如图8.5所示。处理器接收到倒数指令和操作数后，根据指令是求倒数还是平方根倒数，以及操作数的部分位数，访问查找表的不同部分，并选择条目输出。选择条目的哪一部分输出由编码器决定，而编码器的输出由操作数的一部分及传统模式指示符确定，其中传统模式指示符指示接收的指令是传统倒数指令还是本专利技术（AVX 指令集）的倒数指令。之后编码器输出选择输出条目的部分数据和输入操作数的部分数据，这两个部分数据生成部分乘积，该部分乘积再被提供给华莱士数之类的倒数逻辑电路。最后在倒数逻辑中通过一次迭代得到需要的倒数值。

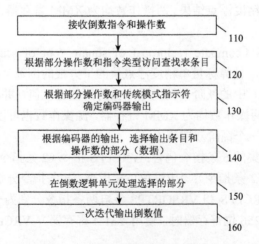

图 8.5　倒数计算指令操作流程图

倒数和平方根倒数逻辑单元见图 8.6。图 8.6 的左上部分为指令和操作数输入，其中两个多路选择器 205 和 210 根据倒数指令类型的不同选择操作数的对应部分进行输入。根据输入数据查找表输出倒数的尾数值，具体是将存储的计算倒数和平方根倒数尾数的值的条目输出，如区间中间值 Y′ 和 Y″（可分别对应前述存储系数 a 和自由项 b）。Y″ 通过布斯编码器（Booth encoder）选择输入多路选择器组 250 产生部分乘积 PP0～PP4，PP0～PP4 和 Y″ 经过三级进位保存加法器，

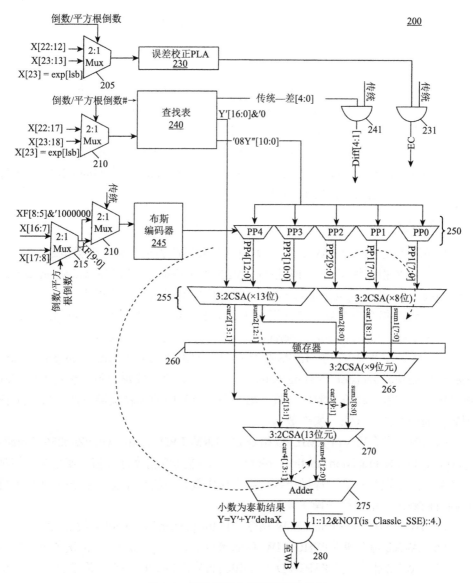

图 8.6　倒数和平方根倒数逻辑单元

最终产生对应于 Y = Y′ + Y″(x−m)的泰勒结果，即本专利技术的高精度倒数和平方根倒数结果。在执行传统倒数指令的情况下，该泰勒结果中多余的位数被无效。

当接收到传统倒数指令时，由误差校正可编程序逻辑阵列（programmable logic array，PLA）输出误差校正位（error correction bit，EC），查找表输出数位的传统误差 diff [4:1]，误差校正和传统误差输入多路选择器组 250，用于执行传统倒数指令的结果校正。

8.3　通道内混洗指令

【相关专利】

（1）US8078836（Vector shuffle instructions operating on multiple lanes each having a plurality of data elements using a common set of per-lane control bits，2007 年 12 月 30 日申请，预计 2028 年 12 月 25 日失效）

（2）US8914613（Vector shuffle instructions operating on multiple lanes each having a plurality of data elements using a same set of per-lane control bits，2011 年 8 月 26 日申请，预计 2027 年 12 月 30 日失效）

【相关指令】

相关指令是 AVX 与 AVX2 指令集中的部分混洗类指令和置换类指令。

（1）AVX 指令集 VSHUFPS 指令（VEX.256 编码）（shuffles values in packed single-precision floating-point operands，紧缩单精度浮点操作数混洗）。

（2）AVX 指令集 VSHUFPD 指令（VEX.256 编码）（shuffles values in packed double-precision floating-point operands，紧缩双精度浮点操作数混洗）。

（3）AVX 指令集 VPERMILPS 指令（VPERMILPS ymm1，ymm2/m256，imm8）（permute single-precision floating-point values，排列单精度浮点值）使用 8 位控制域（第三操作数）将第一源操作数（第二操作数）中的单精度浮点值（32 位）排列到目的操作数中（第一操作数）。

（4）AVX 指令集 VPERMILPD 指令（VPERMILPD ymm1，ymm2/m256，imm8）（permute double-precision floating-point values，排列双精度浮点值）使用 8 位控制域（第三操作数）将第一源操作数（第二操作数）中的双精度浮点值（64 位）排列到目的操作数中（第一操作数）。

（5）AVX2 指令集 VPSHUFLW 指令（shuffle packed low words，混洗紧缩低字）。

（6）AVX2 指令集 VPSHUFHW（shuffle packed high words，混洗紧缩高字）。

（7）AVX2 指令集 VPSHUFD（shuffle packed doublewords，混洗紧缩双字）。

【相关内容】

本节专利技术提出了通道内的 SIMD 数据的混洗指令的执行方法和装置。对于具有多个通道的源和目的操作数，指令根据单一域指定的每个通道的控制位，从源操作数的每通道内选择任意相应数据元素，并复制到目的操作数对应每通道的指定域。本节专利技术的混洗操作的关键特征是目的操作数的某通道内的数据元素一定来自于源操作数对应通道，不会跨通道。另外，源操作数可以是一个或两个。本节专利中示例但不限于的每个通道的数据宽度是 128 位，并且源和目的操作数每个通道的宽度一致，每通道包含的数据元素个数一致。本节专利中示例的每通道控制位是 8 位控制立即数 imm8。

图 8.7 是为通道内混洗流程图和电路示意图。与手册中现有的指令助记符略

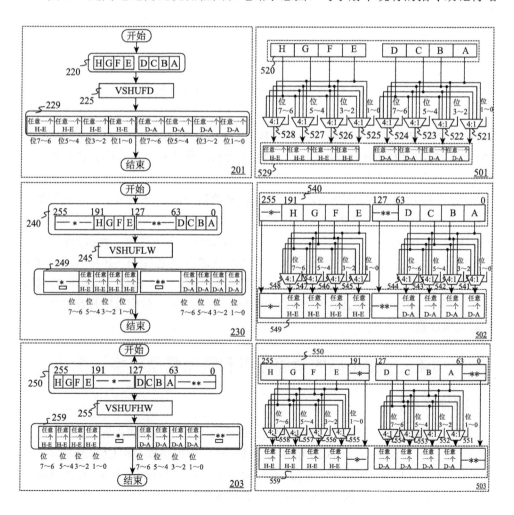

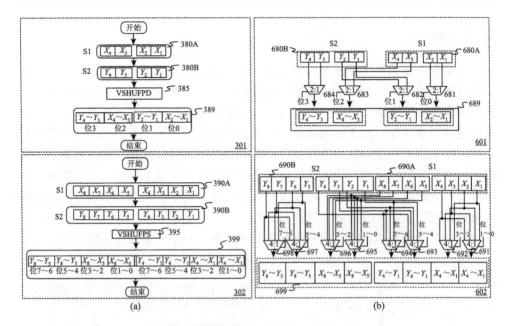

图 8.7　通道内混洗流程图和电路示意图

有不同，本节专利技术分别是 VPSHUFD（201）、VPSHUFLW（230）、VPSHUFHW（203）、VSHUFPD（301）和 VPSHUFPS（302）；此外相关指令中两条置换指令也在本节专利技术范围内。

图 8.7 中指令除 VSHUFPD（301）外，其他指令的两个通道对应位置的数据元素均为每通道控制位中的同一组比特位。如 201 框图 VSHUFD 指令，每通道控制位中第 1～0 位，从源操作数的通道 1 中选择 D～A 中任意一个数据元素，存入目的操作数通道一的第一数据元素位置，同时从通道 2 选择 H～E 中任意一个数据元素，存入目的操作数通道二的第一数据元素位置。301 框中 VSHUFPD 指令与其不同，由 imm8 中的低 4 位作为控制位，每个控制位对应目的操作数中一个数据元素位置。

8.4　尺寸不同的紧缩浮点和紧缩整型转换指令

【相关专利】

（1）US7899855（Method，apparatus and instructions for parallel data conversions，2003 年 9 月 8 日申请，预计 2026 年 8 月 20 日失效，中国同族专利 CN 100414493 C）

（2）US8533244（Method，apparatus and instructions for parallel data conversions，2011 年 1 月 7 日申请，预计 2024 年 8 月 5 日失效）

【相关指令】

本节专利技术是将字节转换为紧缩单精度浮点值、双精度浮点值或相反操作的指令，手册未公开相关指令。专利描述相关转换指令如表 8.2 所示。

表 8.2　专利描述相关转换指令

助记符	功能	源大小	源寄存器	目标大小	目标寄存器
CVTB2PS	将字节转换为经过压缩的单精度浮点值	4 个 8 位整数	XMM 或 m32	4 个 32 位 FP	XMM
CVTUB2PS	将无符号字节转换为经过压缩的单精度浮点值	4 个 8 位无符号整数	XMM 或 m32	4 个 32 位 FP	XMM
CVTW2PS	将字转换为经过压缩的单精度浮点值	4 个 16 位整数	XMM	4 个 32 位 SP FP	XMM
CVTUW2PS	将无符号字转换为经过压缩的单精度浮点值	4 个 16 位无符号整数	XMM	4 个 32 位 SP FP	XMM
CVTPS2PB	将经过压缩的单数度浮点值转换为字（使用饱和或不同的舍入模式版本）	4 个 32 位 SP FP	XMM 或 m128	4 个 8 位整数	XMM
CVTPS2UPW	将经过压缩的单精度浮点值转换为无符号字（使用饱和或不同的舍入模式版本）	4 个 32 位 SP FP	XMM	4 个 16 位无符号整数	XMM

同时，在某些应用中，AVX 指令集 256 位编码格式的 3 条指令也落入本节专利技术范围。

（1）VCVTDQ2PD（convert packed dword integers to packed double-precision FP values）指令将 4 个带符号紧缩双字整型值（4×32 位，XMM 寄存器或 128 位存储位置）转换成 4 个紧缩双精度浮点值（4×64 位，YMM 寄存器）。VCVTDQ2PD 指令操作如图 8.8 所示。

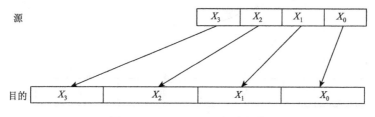

图 8.8　VCVTDQ2PD 指令操作

（2）VCVTPD2DQ（convert packed double-precision FP values to packed dword integers）指令将 4 个紧缩双精度浮点值（4×64 位，YMM 寄存器或 256 位存储位置）转换成 4 个带符号的紧缩双字整型（4×32 位，XMM 寄存器）。VCVTPD2DQ 指令操作如图 8.9 所示。

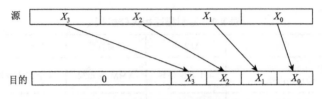

图 8.9　VCVTPD2DQ 指令操作

（3）VCVTTPD2DQ 指令和 VCVTPD2DQ 指令类似，但是带截断功能，即去除低阶位。

【相关内容】

本节专利技术涉及在一组紧缩值中，选择其中一个紧缩值转换为多个值。其中，该紧缩值的每个子元素从一个格式转换为另一个格式的值，转换后的每个值的数据位数大于转换前的每个子元素的数据位数。本节专利技术可以用于如图 8.10 和图 8.11 所示的紧缩整型值和紧缩浮点值互换的视频图像数据处理。可以用 32 位紧缩整型值表示一个像素，因为每个像素又包括四个分量，如蓝色、绿色、红色和透明度（Blue，Green，Red，Alpha，BGRA），则每个分量可以用 8 位数据表示。用于表示一个像素的紧缩整型值可以转换为一个具有四个元素的紧缩整型值，其中每个分量可以转换为一个位数更多的浮点数据元素（如单精度浮点数据元素），以便更有效地进行某些数学运算。运算完成后，紧缩浮点值还可以再重新转换为包含四个分量的紧缩整型值。

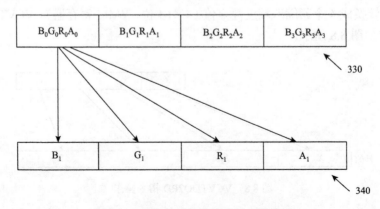

图 8.10　紧缩整型值转紧缩浮点值示例

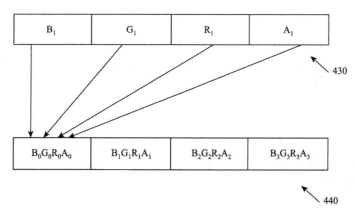

图 8.11　紧缩浮点值转紧缩整型值示例

第9章　高级矢量扩展2（AVX2）指令集专利技术

AVX2 指令集在兼容原 MMX、SSE、SSE2 对 128 位整型 SIMD 支持的基础上，把支持的总向量整型数据宽度扩展到了 256 位。另外还新增了若干条 256 位浮点 SIMD 指令。

9.1　聚集和分散指令：跨距访存支持

对于具有不规则的存储器访问模式的相关应用，如某些数据表，需要频繁并随机地更新数据元素，很难获得 SIMD 性能的提升。为了充分地使用 SIMD 硬件，存储这种数据表的应用通常需要对数据进行重排列。随着向量宽度的不断增大，重排操作开销增加。因此英特尔公司在 AVX2 指令集引入一类新指令：聚集指令。聚集和分散操作使用一种新的内存寻址方式——向量索引内存寻址，将存储中不连续的数据元素聚集进单个存储器或处理器，便于后续在最小数量的周期内，同时和一致地或顺次地使用数据。2008 年英特尔公司申请了支持原子操作的向量链接聚集指令和条件分散指令的相关专利，该类支持原子操作指令未在手册中公开。

9.1.1　聚集和分散指令集

【相关指令】

AVX2 指令集的 gather 相关指令有 16 条，具体如下所示。

（1）VGATHERDPD/VGATHERQPD（gather packed DP FP values using signed dword/qword indices，使用带符号双字/四字变址聚集紧缩双精度浮点数值）指令有条件地从内存操作数（第二操作数）指定且使用四字（dword）变址的内存地址加载最多 2 个或 4 个双精度浮点值。内存操作数使用 SIB 字节的向量 SIB（vector SIB）指定一个通用寄存器操作数作为基址，一个向量寄存器为相对于基址的索引数组和一个常数比例因子。该组助记符包含 4 条指令。

（2）VGATHERDPS/VGATHERQPS（gather packed SP FP values using signed dword/qword indices，使用带符号双字/四字变址聚集紧缩单精度浮点数值）指令和 VGATHERDPD/VGATHERQPD 指令类似，有条件地从内存操作数（第二操作数）指定且使用四字变址的内存地址加载最多 4 个或 8 个单精度浮点值。该组助记符包含 4 条指令。

（3）VPGATHERDD/VPGATHERQD（gather packed dword values using signed dword/qword indices，使用带符号双字/四字变址聚集紧缩双字整数值）指令和 VGATHERDPD/VGATHERQPD 指令类似，有条件地从内存操作数（第二操作数）指定且使用四字变址的内存地址加载最多 4 个或 8 个双字值。该组助记符包含 4 条指令。

（4）VPGATHERDQ/VPGATHERQQ（gather packed qword values using signed dword/qword indices，使用带符号双字/四字变址聚集紧缩四字整数值）指令和 VGATHERDPD/VGATHERQPD 指令类似，有条件地从内存操作数（第二操作数）指定且使用四字变址的内存地址加载最多 2 个或 4 个双字值。该组助记符包含 4 条指令。

1. 使用掩码跟踪汇聚和分散进度

【相关专利】

（1）US7984273（System and method for using a mask register to track progress of gathering elements from memory，2007 年 12 月 31 日申请，已失效）

（2）US8892848（Processor and system using a mask register to track progress of gathering and prefetching elements from memory，2011 年 7 月 5 日申请，预计 2027 年 12 月 31 日失效）

【相关内容】

本节专利技术提出了聚集和分散操作的指令及执行方法，还提出了用掩码跟踪数据元素聚集进度的方法。聚集操作从高速缓存或外部存储器读取一组不连续或不相邻数据元素并且将它们汇集在一起，通常是聚集到单个寄存器或高速缓存行中。分散操作通过将紧缩数据结构中的数据元素分散到一组非连续的或随机的存储器单元来执行相反的操作。

聚集和分散操作示意图如图 9.1 所示，聚集操作从外部存储器 135 中两个或更多个不连续的存储器单元 122 和 124 读取数据，并且将数据连续地存储到目的寄存器 115 中（如计数器装置、指针装置、随机存取装置或其他类型存储等）。类似地，分散操作从目的寄存器 115 加载数据，并且将数据存储到外部存储器的两个或更多个不连续的存储器单元 122 和 124。掩码寄存器 110 可以用于跟踪记录数据聚集和分散的完成情况，以便用于中断后的重启。

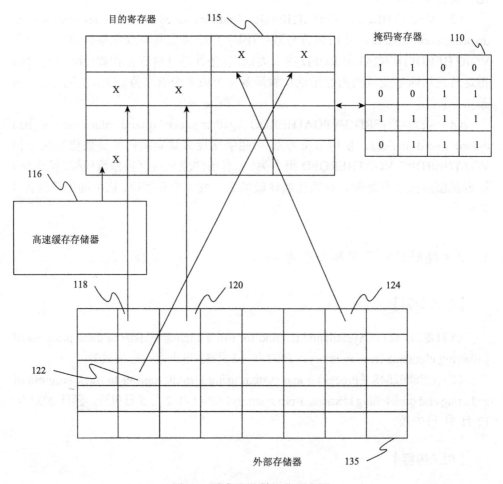

图9.1　聚集和分散操作示意图

图 9.2 为使用掩码跟踪聚集进度的流程图。第一寄存器为掩码寄存器，第二寄存器为目的寄存器。掩码寄存器可以为阴影寄存器、控制寄存器、标记寄存器、通用寄存器、SIMD 寄存器或其他合适的寄存器。掩码寄存器提供目的寄存器中存储的数据的指示，因此可以用于跟踪聚集操作的完成状况。目的寄存器数据元素和掩码寄存器中存储的状态元素之间一一对应。例如，"1"表示对应的数据元素没有被写入目的寄存器，"0"表示已写入。因此，当聚集操作

初始化时，掩码寄存器中状态元素被设置成第一值，如"1"；当每完成一个对应元素写入时，掩码寄存器中对应状态元素从第一值变成第二值，如从"1"变成"0"，操作完成后，当所有数据元素已经被聚集时，掩码寄存器中为某预定值，如全 0。

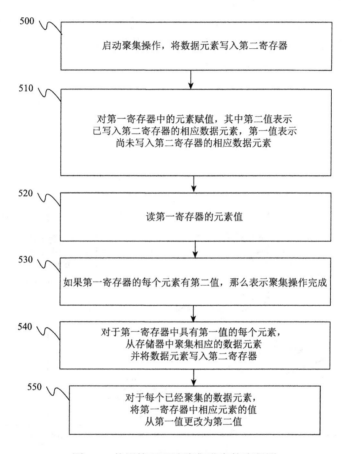

图 9.2　使用掩码跟踪聚集进度的流程图

2. 聚集和分散操作异常处理

【相关专利】

US8447962（Gathering and scattering multiple data elements，2009 年 12 月 22 日申请，预计 2032 年 2 月 6 日失效，中国同族专利 CN 102103483 B、CN 104317791 B）

【相关内容】

本节专利技术提出了聚集和分散操作异常处理机制。除了与访问一级或多级存储器相关联的时延，在聚集或分散操作期间的中断，如由于反复的页故障，可能显著地增加与这些操作相关联的开销。这是因为由操作带来的任何进展通常在返回到操作的开始之前被丢弃。本节专利技术是当执行期间检测到发生异常时，在传送该异常之前，先将未决的陷阱或者中断传送到异常处理器。

图 9.3 为聚集或分散状态机示例。

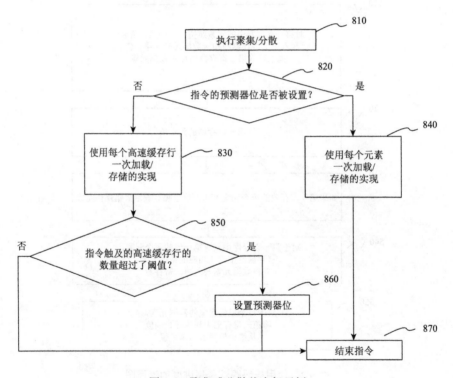

图 9.3　聚集或分散状态机示例

本节专利技术描述了如何使用基地址、变址、比例因子和偏移量生成地址。如图 9.4 所示，聚集操作通过在通用寄存器 525 中传递的基地址 520、作为立即数传递的比例因子 530、作为 SIMD 寄存器传递的变址向量寄存器 510（其保存紧缩的变址）和可选的偏移量（没有标出）来指定被聚集元素的地址。图 9.5 为分散操作存储变化示意图。

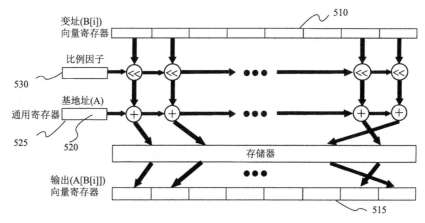

图 9.4　聚集操作存储变化示意图

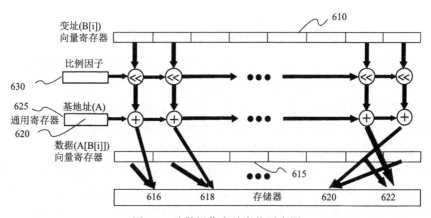

图 9.5　分散操作存储变化示意图

9.1.2　聚集和分散扩展：支持原子操作的向量链接聚集和条件分散指令

9.1.1 节的聚集和分散指令不支持原子操作。而在归约操作并行实现中，当多个线程同时更新相同的存储器位置时，使用对共享数据结构的原子访问来确保正确性。因此现有技术归约操作使用标量链接加载和条件存储指令来确保同时更新的原子性；然而此类操作不能以 SIMD 方式执行。为了提高同步原语和并行归约的 SIMD 效率，本节专利技术提出两条向量指令：链接聚集指令和条件分散指令，可为 SIMD 架构提供链接加载和条件存储操作。

【相关专利】

（1）US9513905（Vector instructions to enable efficient synchronization and parallel reduction operations，2008 年 3 月 28 日申请，已失效，中国同族专利 CN 101978350 B 和 CN 103970506 B）

（2）US9678750（Vector instructions to enable efficient synchronization and parallel reduction operations，2013 年 3 月 12 日申请，预计 2029 年 9 月 29 日失效）

【相关指令】

向量链接聚集指令 vgatherlink 和向量条件分散指令 vscattercond。手册未公开相关指令。

【相关内容】

本节专利技术扩展了存储器聚集和分散功能，提供了 SIMD 指令以便支持原子向量操作。向量链接聚集指令和向量条件分散指令以 SIMD 方式支持对多个非连续存储器位置的原子操作。

vgatherlink 指令聚集和链接多个数据元素，并且还预留所聚集数据元素的存储器位置供以后的条件分散指令使用。vgatherlink 指令尝试将掩码下向量长度个存储器位置聚集并链接到目的地。如无法聚集和链接某些数据元素，仅聚集和链接向量长度存储器位置的子集，并将掩码的相应位设为有效状态，如 "1"；失败的元素则将掩码中相应位设为无效状态，如 "0"。

vscattercond 指令有条件地将多个数据元素分散到存储器中，仅分散到由 vgatherlink 指令预留且仍有效的存储器位置。vscattercond 指令有条件地将来自源操作数的多达向量长度个数据元素写入掩码下的向量长度个存储器位置。

vgatherlink 和 vscattercond 指令格式示意图、指令执行处理器核和聚集分散单元示意图及两指令用于执行原子向量操作的流程图分别如图 9.6～图 9.8 所示。

操作码	目的地	基址	源	掩码
vgatherlink	dst	存储器	addr	f

操作码	源	基址	目的地	掩码
vscattercond	src	存储器	addr	f

图 9.6　vgatherlink 和 vscattercond 指令格式示意图

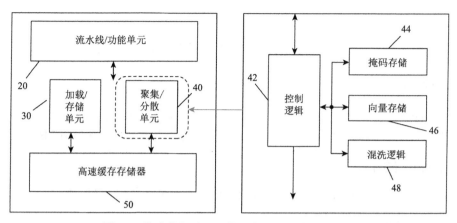

图 9.7　指令执行处理器核和聚集分散单元示意图

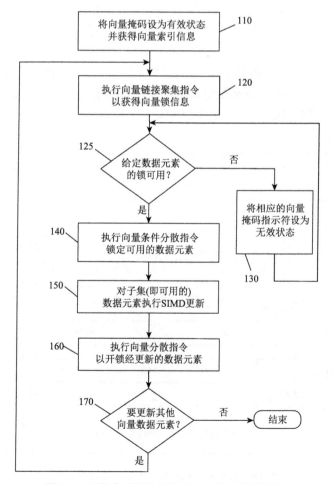

图 9.8　两指令用于执行原子向量操作的流程图

9.2　置换、移位和循环的实现优化

【相关专利】

US20140013082（Reconfigurable device for repositioning data within a data word，2011 年 12 月 30 日申请，已失效，中国同族专利 CN 104011617 B）

【相关指令】

本节专利技术可以用于所有置换类、移位类及循环移位类指令的实现。

【相关内容】

本节专利技术提出一种使用置换和移位部分完成可选择的亚字长度数据重排，包括置换、移位和循环操作的装置与方法。优点在于电路精简，占用芯片面积小且功耗小。

图 9.9 是现有技术执行移位和循环电路示意图，可操纵最多 256 位长度数据（4 组 64 位）。现有技术的思路是根据输入数据的粒度，使用对应粒度的移位和循环器，粒度如 8 位、16 位、32 位或 64 位。

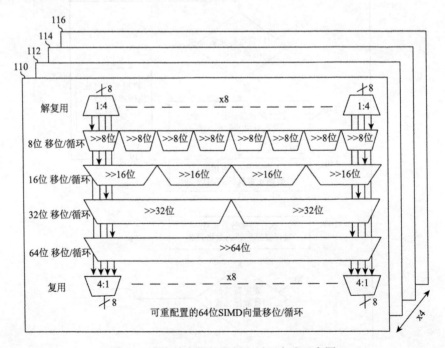

图 9.9　现有技术执行移位和循环电路示意图

本节专利技术对现有技术的改进是把移位和循环操作电路与置换操作电路结合在一起。整体思路是先利用置换电路把数据置换到 8 位边界，再用移位电路移动到最终需要移位到的位置。SIMD 向量置换、移位和循环功能框图如图 9.10 所示，其中 310 为置换电路，350 是移位和循环电路。

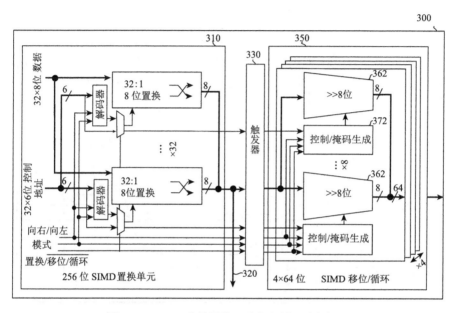

图 9.10　SIMD 向量置换、移位和循环功能框图

在执行数据移位操作时，分下面三种情况。如需要：①若移位到 8 位边界，则仅使用置换电路；②若移位小于 8 位，则仅使用移位和循环电路；③若移位大于 8 位且不在边界，则置换到最近的 8 位边界，再使用移位和循环电路。图 9.11 是 SIMD 向量置换、移位和循环置换完成移位 19 位的操作示意图。先置换到 16 位边界，再向右循环移位 3 位。

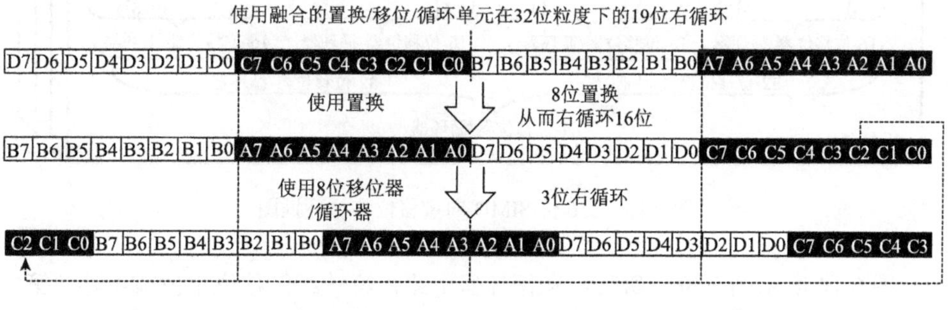

图 9.11　SIMD 向量置换、移位和循环置换完成 19 位的操作示意图

256 位 SIMD 向量置换电路框图、256 位 SIMD 向量移位和循环框图和 8 位三级移位和循环器电路如图 9.12～图 9.14 所示。

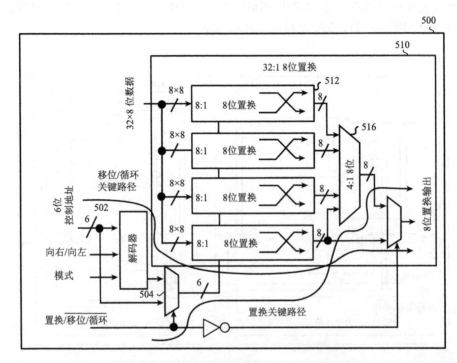

图 9.12　256 位 SIMD 向量置换电路框图

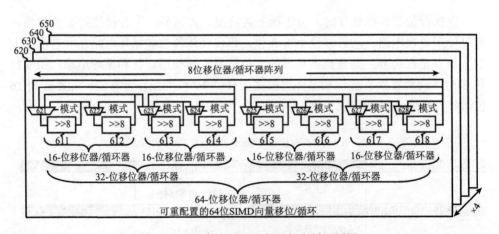

图 9.13　256 位 SIMD 向量移位和循环框图

图 9.14 所示的 8 位三级移位和循环器电路，第一级仅移位 1 位或不移，第二

级仅移位 2 位或不移，第三级仅移位 4 位或不移。该移位和循环器电路设计为对数级联方式，能够在非常小的周期中实现高效的任意位移动。

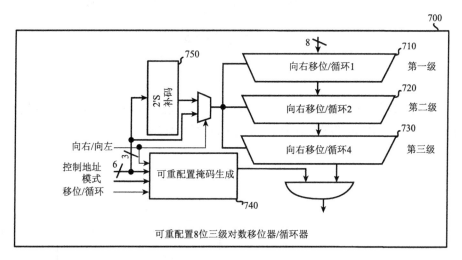

图 9.14　8 位三级移位和循环器电路

第 10 章　高级矢量扩展 512（AVX-512）指令集专利技术

AVX-512 指令集是 AVX 和 AVX2 指令集的扩展。执行 AVX-512 指令集需要在寄存器架构中增加如图 10.1 所示的向量寄存器 ZMM。

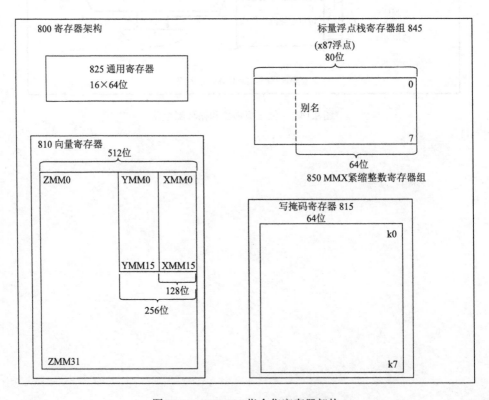

图 10.1　AVX-512 指令集寄存器架构

10.1　写掩码广播指令

【相关专利】

US9424327（Instruction execution that broadcasts and masks data values at different levels of granularity，2011 年 12 月 23 日申请，预计 2032 年 12 月 12 日失效，中国同族专利 CN 104067224 B、CN 107025093 B、CN 110471699 A）

【相关指令】

（1）AVX-512 指令集 VBROADCAST 类浮点指令包括 VBROADCASTSS/SD 指令，将低位的单精度/双精度浮点元素从 XMM 寄存器或 32 位/64 位存储器位置使用写掩码广播到 XMM、YMM 或 ZMM 寄存器。

（2）AVX-512 指令集 VPBROADCAST 类整型指令包括 VPBROADCASTB/W/D/Q 和 VBROADCASTI32X2/I32X4/I32X8/I64X2/I64X4/I128 指令，将源操作数中的整型字节/字/双字/四字/2 个双字/4 个双字/8 个双字/2 个四字/4 个四字/128 位使用写掩码广播到 XMM、YMM 或 ZMM 寄存器。其中仅 VPBROADCASTB/W/D/Q 和 VBROADCASTI32X2 指令适用广播到目的寄存器 XMM，且源操作数可以为存储位置或 XMM 寄存器；VBROADCASTI32X4/I32X8/ I64X2/I64X4/I128 源操作数仅可为存储位置。

（3）VPBROADCASTB/W/D/Q 指令根据写掩码将通用寄存器中 8 位、16 位、32 位或 64 位值广播到 128 位、256 位或 512 位目的地的所有字节、字、双字或四字。

（4）VBROADCASTF32X2/F32X4/F32X8/F64X2/F64X4 指令根据写掩码将存储位置或寄存器中 2 个/4 个/8 个 32 位单精度浮点值（F32）或 2 个/4 个 64 位双精度浮点值（F64）复制并广播到 256 位/512 位寄存器中。

【相关内容】

本节专利技术提出了带写掩码的广播 VBROADCAST 指令。AVX 指令集推出了广播指令，AVX-512 指令集推出的新的广播指令特征为写掩码，并且允许在被复制的数据结构内的数据元素粒度下进行掩码操作。例如，当被复制的是两个 32 位单精度值的 64 位数据结构时，则该写掩码将支持 32 位粒度下的掩码操作。图 10.2～图 10.4 是三条带掩码的广播指令操作示意图，图 10.5 是使用带掩码的 VBROADCAST 操作逻辑图。指令可对标量浮点、紧缩整数、紧缩浮点、向量整型、向量浮点等数据进行操作。

利用掩码操作的VBROADCASTSS

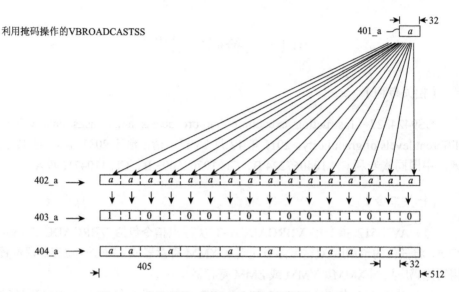

图 10.2　带掩码的 VBROADCASTSS 操作示意图

VBROADCAST32X2

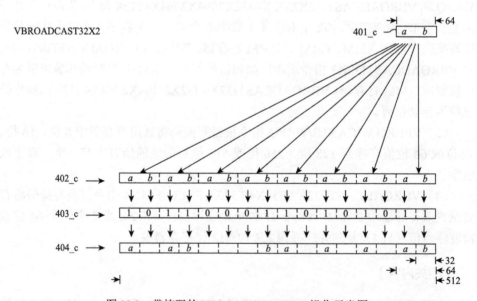

图 10.3　带掩码的 VBROADCAST32X2 操作示意图

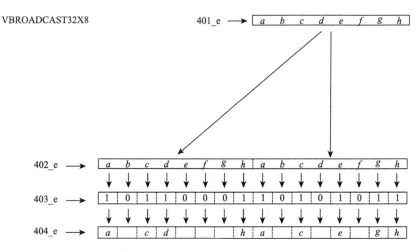

图 10.4　带掩码的 VBROADCAST32X8 操作示意图

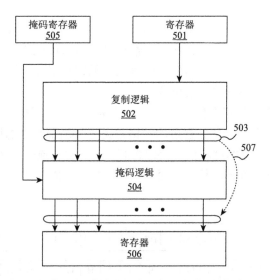

图 10.5　使用带掩码的 VBROADCAST 操作逻辑图

10.2　写掩码对齐向量指令

随着 SIMD 处理器向量宽度的增加，数据元素往往不能与向量的完整长度对齐，导致所需数据分布在两个不同的高速缓存线中，一次取数据需要两次内存访问。由于许多指令都可能出现潜在的数据不对齐问题，所有这样的指令都需要增加额外的逻辑和硬件开销来完成数据的对齐，影响指令执行的效率。本节专利技术提出一种专门的对齐向量指令来完成向量对齐操作，避免了向量对齐操作给其他指令带来的开销。

【相关专利】

US20120254589（System，apparatus，and method for aligning registers，2011 年
4 月 1 日申请，已失效，中国同族专利 CN 103562854 B、CN 107273095 B）

【相关指令】

VALIGND/VALIGNQ（align doubleword/quadword vectors，对齐双字/四字向
量）指令将第一源操作数和第二源操作数的双字/四字元素连接并移位到中间向
量，使用掩码寄存器将低 512 位、256 位或 128 位向量写入目的操作数。操作数
可以是 ZMM、YMM 或 XMM 寄存器，第二源操作数还可以是 512 位、256 位或
128 位存储位置。

【相关内容】

本节专利技术涉及对齐向量指令的格式、实现方式和装置。对齐向量指令接
收两个源操作数，把它们连接在一起，然后进行右移位操作。将右移位后所得结
果的低位存入到目的向量寄存器中。在写入目的寄存器时，还可以通过写掩码来
控制需要写入及保持不变的元素位置。

图 10.6 为对齐向量指令操作示例。将源操作数 1 和源操作数 2 连接在一起，
所得中间结果又右移了 3 位。移出的数据被丢弃，剩余数据的低位写入目的寄存
器中。写入目的寄存器的过程由写掩码控制。示例中写掩码值为"1"的比特位表
示目的寄存器对应位置上的数据需要被写入，写掩码值为"0"表示目的寄存器对
应位置上的数据保持不变。

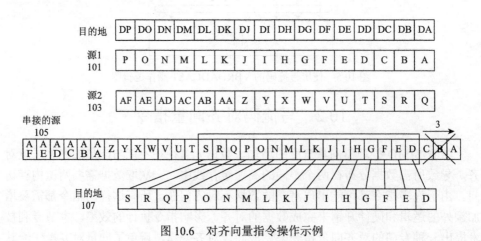

图 10.6　对齐向量指令操作示例

10.3　扩展与压缩指令

当进行 SIMD 操作时，在内存中合理地摆放向量数据可以提高内存的使用效率。常用的数据摆放方法有如下两种：结构阵列（array of structure，AoS）摆放，每个向量用一个单独的结构保存；阵列结构（structure of array，SoA）摆放，不同向量同一维度构成的一列用一个单独的结构保存。AoS 摆放可以提高内存的使用效率但不适合用于高效的 SIMD 计算；相反，SoA 摆放适合于高效的 SIMD 计算但不利于有效的存储。本节专利技术提出的扩展与压缩指令可以用于 AoS 与 SoA 数据格式的互相转换，实现高效的 SIMD 操作。此外，扩展与压缩指令还可以应用于矩阵置换等操作。

【相关专利】

US20120254592（Systems，apparatuses，and methods for expanding a memory source into a destination register and compressing a source register into a destination memory location，2011 年 4 月 1 日申请，已失效，中国同族专利 CN 103562855 B）

【相关指令】

（1）VEXPANDPD（load sparse packed double-precision floating-point values from dense memory，从密集存储稀疏加载紧缩双精度浮点数）指令扩展（加载）源操作数（ZMM、YMM 或 XMM 寄存器或 512 位、256 位或 128 位存储位置）中输入向量的 8 个、4 个或 2 个连续的双精度浮点值到由写掩码 k1 选择的目的操作数（ZMM、YMM 或 XMM 寄存器）中的稀疏元素。

（2）VEXPANDPS（load sparse packed single-precision floating-point values from dense memory，从密集存储稀疏加载紧缩单精度浮点数）指令扩展（加载）源操作数（ZMM、YMM 或 XMM 寄存器或 512 位、256 位或 128 位存储位置）中输入向量的 16 个、8 个或 4 个连续的单精度浮点值到由写掩码 k1 选择的目的操作数（ZMM、YMM 或 XMM 寄存器）中的稀疏元素。

（3）VPEXPANDD（load sparse packed doubleword integer values from dense memory/register，从密集存储/寄存器稀疏加载紧缩双字整型值）指令扩展（加载）源操作数（ZMM、YMM 或 XMM 寄存器或 512 位、256 位或 128 位存储位置）中输入向量的 16 个、8 个或 4 个连续的双字值到由写掩码 k1 选择的目的操作数（ZMM、YMM 或 XMM 寄存器）中的稀疏元素。

（4）VPEXPANDQ（load sparse packed quadword integer values from dense memory/register，从密集存储/寄存器稀疏加载紧缩四字整型值）指令扩展（加载）

源操作数（ZMM、YMM 或 XMM 寄存器或 512 位、256 位或 128 位存储位置）中输入向量的 8 个、4 个或 2 个连续的四字值到由写掩码 k1 选择的目的操作数（ZMM、YMM 或 XMM 寄存器）中的稀疏元素。

（5）VCOMPRESSPD（store sparse packed double-precision floating-point values into dense memory，将稀疏紧缩双精度浮点值连续存储到内存）指令把源操作数中的 8 个浮点数压缩到目的操作数中构成一个连续的向量，写掩码 k 用于选择被写入到目的操作数中的数据元素。

（6）VCOMPRESSPS（store sparse packed single-precision floating-point values into dense memory，将稀疏紧缩单精度浮点值连续存储到内存）指令把源操作数中的 16 个浮点数压缩到目的操作数中构成一个连续的向量，写掩码 k 用于选择被写入到目的操作数中的源操作数中的数据元素。

（7）VPCOMPRESSD（store sparse packed doubleword integer values into dense memory/register，将稀疏的紧缩双字整型值存储到密集存储/寄存器）指令把源操作数（ZMM、YMM 或 XMM 寄存器）中多达 16 个、8 个或 4 个双字整型值（可以少于 16 个、8 个或 4 个，可以不连续，由 k1 寄存器指定）连续存储到目的操作数（ZMM、YMM 或 XMM 寄存器或 512 位、256 位或 128 位存储位置）。

（8）VPCOMPRESSQ（store sparse packed quadword integer values into dense memory/register，将稀疏的紧缩四字整型值存储到密集存储/寄存器）指令把源操作数（ZMM、YMM 或 XMM 寄存器）中多达 8 个、4 个或 2 个四字整型值（可以少于 8 个、4 个或 2 个，可以不连续，由 k1 寄存器指定）连续存储到目的操作数（ZMM、YMM 或 XMM 寄存器或 512 位、256 位或 128 位存储位置）。

【相关内容】

本节专利技术提出了处理器中执行扩展或压缩指令的格式、方式和装置。扩展和压缩是一对相反操作。扩展指令将存储中连续保存的数据读出，在写掩码的控制下以稀疏的格式加载到寄存器中。压缩指令将寄存器中的稀疏数据以紧凑的格式写入内存中。将连续的数据稀疏读出或将稀疏的数据连续写入的过程相当于变换了数据保存的顺序，因此扩展和压缩指令可以达到改变数据排列方式的效果。

扩展指令的示例格式：VEXPANDPS zmm1 {k1} zmm2/U(mem)。其中，zmm1 与 zmm2 分别是目的寄存器和源寄存器的操作数；U(mem)是源存储器操作数；k1 是写掩码操作数。扩展指令执行操作图如图 10.7 所示。源存储器操作数中连续的 8 个元素被读出，并间隔地保存到目的操作数的各个元素中。目的操作数中哪些元素需要被写入、哪些保持不变由写掩码决定。示例中写掩码为 1 的比特位表示对应位置的元素被写入；写掩码为 0 的比特位表示对应位置的元素保持不变。此外，扩展指令支持上变换，如执行扩展指令，可以将源操作数中 16 位的数据元素上变换为 32 位的数据元素，并存储到目的操作数中。

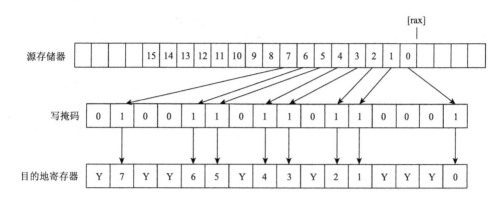

图 10.7　扩展指令执行操作图

压缩指令示例格式：**VCOMPRESSPS** zmm2/mem{k1}，D(zmm1)。其中，zmm1 与 zmm2 分别是源寄存器和目的寄存器的操作数；mem 是存储器；k1 是写掩码操作数。压缩指令执行过程示例如图 10.8 所示。源操作数中的数据元素被间隔地读出，并连续地写入目的操作数中。源操作数的哪些数据元素要被读出由写掩码控制。写掩码为 1 的比特位代表源操作数中对应位置的元素要被读出；写掩码为 0 的比特位代表源操作数中对应位置的元素不被读出。此外，压缩指令支持下变换，如源寄存器中 32 位数据元素下变换为目的操作数中 16 位数据元素。

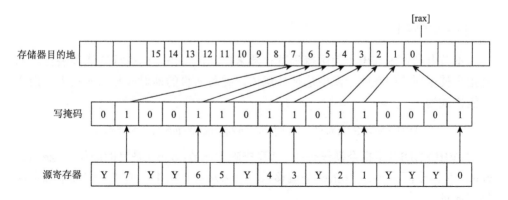

图 10.8　压缩指令执行过程示例

10.4　写掩码混合指令

SSE4.1 指令集引入的混合类指令包括 VBLENDPS（使用立即数 imm8 控制混合）和 VBLENDVPS（使用第三向量的符号位控制混合）。VBLENDPS 指令的缺点是 imm8 是静态值；VBLENDVPS 指令的缺点是向量寄存器中大量位数的浪费，如每 32 位中仅 1 位有用。因此 AVX-512 指令集引入 8 个操作掩码（opmask）寄存器 k1～k7。掩码寄存器作为混合类操作的选择控制能有效地避免上述缺点。除了混合操作，操作掩码还可以应用于 AVX-512 指令集其他需要的操作中。

【相关专利】

US20120254588（Systems, apparatuses, and methods for blending two source operands into a single destination using a writemask，2011 年 4 月 1 日申请，已失效，中国同族专利 CN 103460182 B、CN 106681693 B、CN 109471659 A）

【相关指令】

（1）VBLENDMPD/VBLENDMPS（blend float64/float32 vectors using an opmask control，使用掩码控制混合浮点 32 位或 64 位向量）。

（2）VPBLENDMB/VPBLENDMW（blend byte/word vectors using an opmask control，使用掩码控制混合字节或字向量）。

（3）VPBLENDMD/VPBLENDMQ（blend Int32/Int64 vectors using an opmask control，使用掩码控制混合 32 位或 64 位整型向量）。

【相关内容】

本节专利技术提出了使用掩码寄存器来控制混合指令的执行方法和装置。混合指令使用写掩码在两个源中选择任意值，并写入目的地对应数据元素中。指令示例格式为

```
VBLENDPS zmm1 {k1},zmm2,zmm3/m512,offset
```

式中，VBLENDPS 是指令操作码；k1 是写掩码操作数；zmm1 是目的操作数；zmm2、zmm3 是两个源操作数；offset 是偏移量，用来从寄存器中的值或立即数中确定存储器地址。

图 10.9 是混合指令执行示例 1，掩码模式是 0x5555。目的地操作数中与写掩码中所有 1 值的对应数据元素位置，写入第二源操作数对应位置的数据元素，即

$B_0, B_2, \cdots, B_{14}$；其余数据元素位置写入第一源操作数对应位置的数据元素，即 $A_1, A_3, \cdots, A_{15}$。

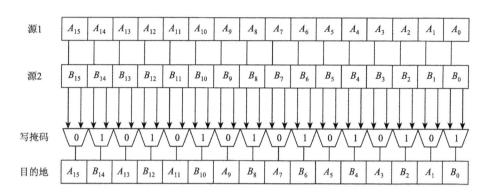

图 10.9 混合指令执行示例 1

图 10.10 是混合指令执行示例 2，在每个源操作数只有 8 个数据元素的情况下，仅使用写掩码中的低 8 位。

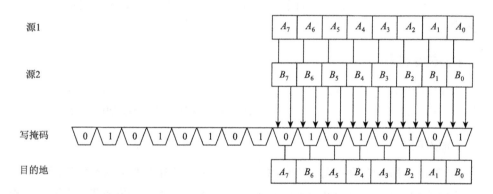

图 10.10 混合指令执行示例 2

图 10.11 为处理器中使用混合指令的方法。①提取具有目的操作数、两个源操作数（及偏移）和掩码的混合指令；②将混合指令译码；③检索（存储器操作数）或读取（寄存器）源操作数的值；④如果有需要那么执行上变换（如 16 位变换为 32 位）、广播、调和（如 XYZW XYZW...XYZW 变换为 XX...X YY...Y ZZ...Z WW...W）等数据元素变换；⑤执行两个源之间的逐个元素的混合；⑥将源操作数中适当的数据元素存储到目的寄存器。

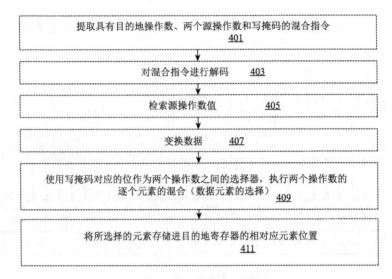

图 10.11　处理器中使用混合指令的方法

10.5　掩码向量的置换指令

AVX-512 指令集之前公开的用于向量操作数的置换指令，不包括掩码向量的置换指令，本节引入该类新指令。

【相关专利】

US9632980（Apparatus and method of mask permute instructions，2011 年 12 月 23 日申请，已失效，中国同族专利 CN 104094182 B、CN 107220029 B）

【相关指令】

AVX-512 指令集的带掩码的全部置换指令和一部分混洗类指令如下所示。

（1）VPERMB（permute packed bytes elements，置换紧缩字节元素）指令根据第一源操作数（第二操作数）中的字节索引从第二源操作数（第三操作数）复制字节，使用写掩码写入目的操作数（第一操作数），包括三条指令。

（2）VPERMD/VPERMW（permute packed doublewords/words elements，置换紧缩双字/字元素）指令类似 VPERMB 指令，区别是复制的是双字或字，包括五条指令。

（3）VPERMI2B（full permute of bytes from two tables overwriting the index，完全置换两个表中的字节重写索引）指令根据第一操作数（目的操作数）中的字节索引选择第二操作数或第三操作数，并置换第二操作数（第一源操作数）和第三操作数（第二源操作数）中的字节值，被选择的字节元素使用写掩码写入目的操作数，包括 3 条指令。

（4）VPERMI2W/D/Q/PS/PD（full permute from two tables overwriting the index，完全置换两个表中的重写索引）指令和 VPERMI2B 类似，区别在于置换的是 16 位、32 位或 64 位值，VPERMI2W/D/Q/PS/PD 包括 15 条指令。

（5）VPERMT2B（full permute of bytes from two tables overwriting a table，完全置换两个表中的字节重写表）指令置换两个表中的字节值，表包含第一操作数（目的操作数）和第三操作数（第二源操作数），该指令第二操作数（第一源操作数）提供两个表选字节的字节索引，被选择的字节元素使用写掩码写入目的地，包括 3 条指令。

（6）VPERMT2W/D/Q/PS/PD（full permute from two tables overwriting one table，完全置换两个表的重写表）指令和 VPERMT2B 指令类似，区别在于置换的是两个表中的 16 位/32 位/64 位数据元素值。

（7）VPERMILPD（permute in-lane of pairs of double-precision floating-point values，置换通道内的一对双精度浮点值）指令使用第二源操作数（第三操作数）中的对应四字元素中的 1 位控制域，置换第一源操作数（第二操作数）中的一对双精度浮点值，并把置换结果使用写掩码写入目的操作数（第一操作数），包括 6 条指令。

（8）VPERMILPS（permute in-lane of quadruples of single-precision floating-point values，置换通道内的四个单精度浮点值）指令和 VPERMILPD 指令类似，区别在于置换的是单精度浮点值，包括 6 条指令。

（9）VPERMPD（permute double-precision floating-point elements，置换双精度浮点元素）指令包含立即数和向量控制两个版本。立即数版本根据立即数（第三操作数）指定的索引从源操作数（第二操作数）中复制双精度浮点四字值，根据写掩码将结果存储到目的操作数（第一操作数）；向量控制版本根据第一源操作数（第二操作数）指定的索引从第二源操作数（第三操作数）中复制双精度浮点四字值，根据写掩码将结果存储到目的操作数（第一操作数），包括 4 条指令。

（10）VPERMPS（permute single-precision floating-point elements，置换双精度浮点元素）指令和 VPERMPD 指令类似，区别在于置换的是单精度浮点值，包括 2 条指令。

（11）VPERMQ（qwords element permutation，置换四字元素）指令和 VPERMPD 指令类似，区别在置换的是四字值，包括 4 条指令。

（12）VPSHUFB（packed shuffle bytes，紧缩混洗字节）指令根据在第二源操作数中的混洗控制掩码混洗第一源操作数中的字节。如果混洗控制掩码每字节的最高有效位为 1，常数 0 被写入结果对应字节；每字节的低 4 位形成一个索引用于置换源操作数中对应字节，包括 3 条指令。

（13）VPSHUFD（shuffle packed doublewords，混洗紧缩双字）指令用立即数（第三操作码）从源操作数（第二操作数）选择复制双字并插入到目的操作数。立即数中每 2 位选择每个通道（128 位）内的 32 位。VPSHUFD 指令包括 3 条指令。

（14）VSHUFF32x4/VSHUFF64x2/VSHUFI32x4/VSHUFI64x2（shuffle packed values at 128-bit granularity，在 128 位粒度下混洗紧缩值）指令用立即数（第四操作数）从第一源操作数（第二操作数）和第二源操作数（第三操作数）中选择一个或两个（分别对应 256 位编码和 512 位编码）128 位紧缩单精度浮点数，分别复制到目的操作数（第一操作数）的低 128 位和高 128 位（对应 256 位编码），或者低 256 位和高 256 位（对应 512 位编码），包括 8 条指令。

【相关内容】

本节专利技术提出了掩码向量的置换指令、装置和执行方法。用于掩码向量的置换指令根据该指令指示的置换模式将一个或多个输入掩码向量的各个位移动至结果掩码向量。

图 10.12 是掩码向量的置换逻辑框图。置换逻辑支持 AVX 的向量置换指令，也支持本节专利技术的掩码向量置换指令。置换逻辑支持三个向量（源操作数）输入，掩码寄存器 k0 和 k1 耦合到置换逻辑的输入端，用于支持最多两个输入向量的掩码输入。掩码寄存器 k0 还耦合到掩码写电路 511，用于支持执行向量指令的写掩码功能。最终结果向量经过写掩码输出到目的寄存器 512。

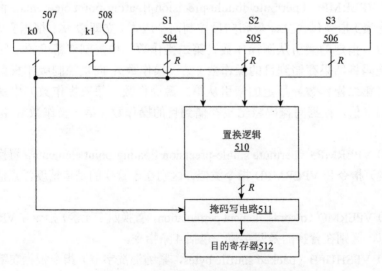

图 10.12　掩码向量的置换逻辑框图

　　图 10.13 是掩码向量置换指令操作的三个示例示意图。示例一的输出掩码向量中的每个位的数据可以来自于输入掩码向量中的任何位的数据，其中由图 10.13 中未示出的立即操作数或者作为索引向量的第二输入向量指示哪个输入掩码向量位作为输出掩码向量的源。示例二是输出可以接收来自于两个输入掩码向量的置换指令。示例三是另一类型的掩码向量置换指令，其中输入和输出掩码向量被分解成多个相邻的 N 位的分块，输出掩码向量的一个分块的数据仅能来自于输入掩码向量的对应位置的分块。

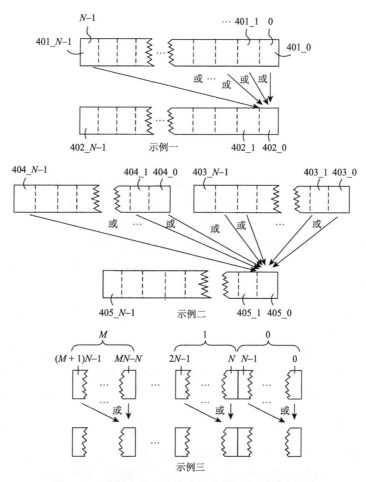

图 10.13　掩码向量置换指令操作的三个示例示意图

10.6　掩码操作类指令

AVX-512 指令集使用 EVEX 编码一个断言（predicate）操作数来有条件地控

制每个元素的运算和结果的更新。predicate 操作数也称为操作掩码（opmask）。AVX-512 指令集支持 8 个操作掩码寄存器 k0～k7，长度为 64 位。在 AVX-512 指令集中有 63 条掩码指令，用于进行掩码寄存器中的向量掩码运算，包括加、与、拆包、移动、按位逻辑或/异或/同或、左移右移、测试等。本节专利技术和此类指令相关，但手册未公开部分相关指令。

10.6.1　紧缩数据掩码移位指令

【相关专利】

US10564966（Packed data operation mask shift processors，methods，systems，and instructions，2011 年 12 月 22 日申请，预计 2035 年 9 月 18 日失效，中国同族专利 CN 104025024 B、CN 106445469 B）

【相关指令】

（1）KSHIFTLB/KSHIFTLW/KSHIFTLQ/KSHIFTLD（shift left mask registers，掩码寄存器左移）指令分别是将第二操作数（源操作数）中的 8 位、16 位、32 位或 64 位数据按照立即数字节指定计数左移，并将最低 8 位、16 位、32 位或 64 位存储到目的操作数。目的操作数剩余高位进行 0 扩展。如果计数值大于 7（针对字节移动）、大于 15（针对字节移动）或大于 31（针对双字移动），那么将目的操作数置零。

（2）KSHIFTRB/KSHIFTRW/KSHIFTRQ/KSHIFTRD（shift right mask registers，掩码寄存器右移）指令分别是将第二操作数（源操作数）中的 8 位、16 位、32 位或 64 位按照立即数字节指定计数右移，并将最低 8 位、16 位、32 位或 64 位存储到目的操作数。目的操作数剩余高位进行 0 扩展。如果计数值大于 7（针对字节移动）、大于 15（针对字节移动）或大于 31（针对双字移动），那么将目的操作数置零。

【相关内容】

本节专利技术提出了一种紧缩数据掩码移位操作、指令、方法和装置。紧缩数据掩码移位操作按照指令指示的比特移位计数将有紧缩数据操作掩码的源操作数移位，并响应操作将结果存储在目的操作数中。其中移位计数可以是立即数或寄存器。执行紧缩数据掩码移位操作逻辑框图如图 10.14 所示。本节专利技术给出了和 KSHIFTLB/KSHIFTLW/KSHIFTLQ/KSHIFTLD 和 KSHIFTRB/KSHIFTRW/KSHIFTRQ/KSHIFTRD 指令一致的指令助记符和描述。

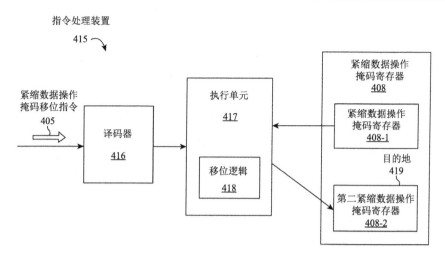

图 10.14　执行紧缩数据掩码移位操作逻辑框图

　　图 10.15 是紧缩数据操作掩码逻辑右移，其中掩码为 16 位，立即数为 3 位，即将 16 位掩码右移 3 位（最小三位丢弃），16 位中最高三位用 0 补足，并把结果中的 64 位数存储到目的操作数。图 10.16 是紧缩数据操作掩码逻辑左移，其中掩码为 16 位，立即数为 3 位，即将 16 位掩码左移 3 位（最高三位丢弃），16 位中最低三位用 0 补足，并把结果的 64 位数存储到目的操作数。

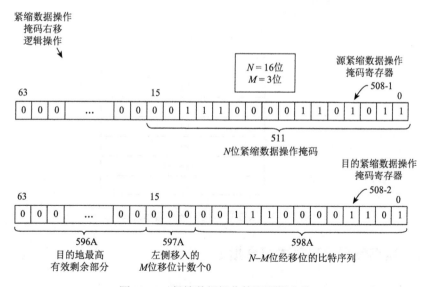

图 10.15　紧缩数据操作掩码逻辑右移

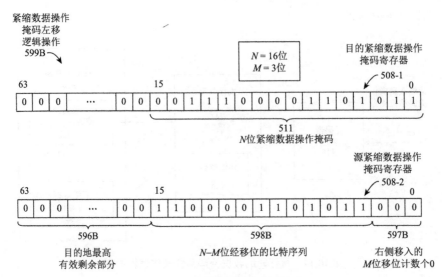

图 10.16　紧缩数据操作掩码逻辑左移

　　图 10.17 为紧缩数据掩码寄存器示意图。在特定情况下，如在 AVX-512 指令应用中，仅掩码寄存器 k1～k7 可以作为断言操作数并用于断言被掩码紧缩数据操作。寄存器 k0 可被用作常规源或目的地，但是可能不被编码为断言操作数（若 k0 被指定，则其具有全一或无掩码的编码）。

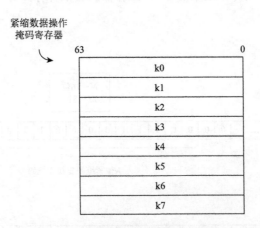

图 10.17　紧缩数据掩码寄存器示意图

10.6.2　紧缩数据掩码算术组合指令

【相关专利】

US9760371（Packed data operation mask register arithmetic combination processors，

methods，systems，and instructions，2011 年 12 月 22 日申请，预计 2034 年 4 月
12 日失效，中国同族专利 CN 104126170 B）

【相关指令】

KADDB/KADDW/KADDQ/KADDD（add two masks，两掩码相加）指令将
k2 和 k3 中的 8 位、16 位、32 位或 64 位向量掩码相加，并将结果写入 k1 的 8 位、
16 位、32 位或 64 位向量掩码。

【相关内容】

本节专利技术提出了将紧缩数据掩码进行算术组合的操作、指令、方法和装置。
紧缩数据算术组合指令指示了分别具有第一紧缩数据掩码和第二紧缩数据掩码的源
操作数 1 和源操作数 2，以及目的操作数指令执行能将第一紧缩数据掩码寄存器的对
应部分位和第二紧缩数据掩码寄存器的对应部分位的算术组合存储在目的存储中。
算术组合可以为相加、相减等。执行紧缩数据掩码算术组合操作逻辑框图如图 10.18
所示。本节专利技术和 KADDB/KADDW/KADDQ/KADDD 指令助记符与描述一致。

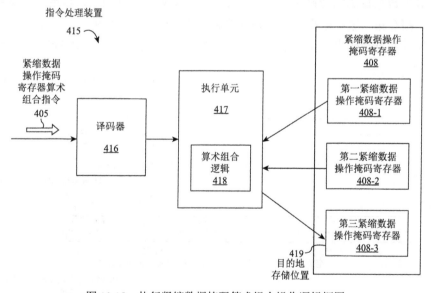

图 10.18　执行紧缩数据掩码算术组合操作逻辑框图

10.6.3　紧缩数据掩码串联指令

【相关专利】

US9600285（Packed data operation mask concatenation processors，methods， systems and instructions，2011 年 12 月 22 日申请，预计 2033 年 7 月 24 日失效，中国同族专利 CN 104025039 B、CN 106406818 B）

【相关指令】

本节指令未在手册中公开。以下操作数均为 opmask 寄存器。

（1）KCONCATBW 指令将两源操作数中低 8 位串联到目的操作数低 16 位（剩余高位置 0）。

（2）KCONCATWD 指令将两源操作数中低 16 位串联到目的操作数低 32 位（剩余高位置 0）。

（3）KCONCATDQ 指令将两源操作数中低 32 位串联到目的操作数 64 位（若有剩余位，则置 0）。

【相关内容】

本节专利技术提出了一种将紧缩数据掩码串接（concatenation）的操作、指令、方法和装置。紧缩数据掩码串接指令指示了有第一紧缩数据掩码的源操作数 1，第二紧缩数据掩码的源操作数 2，以及目的操作数。执行指令，将第二紧缩数据掩码串接在第一紧缩数据掩码后并将结果存储在目的操作数中。

紧缩数据掩码串联操作示例如图 10.19 所示。执行 KCONCATBW 指令，将两

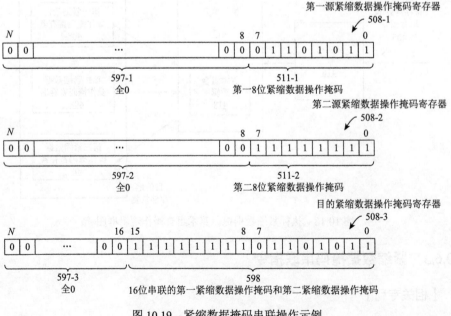

图 10.19　紧缩数据掩码串联操作示例

源操作数中低 8 位串联到目的操作数低 16 位，并将剩余高位置 0。其中源操作数 1 低 8 位放在较低 8 位，源操作数 2 低 8 位放在相对较高 8 位。KCONCATWD 指令和 KCONCATDQ 指令操作类似，分别将低 16 位串联到目的操作数低 32 位、将低 32 位串联到目的操作数低 64 位。

10.6.4　紧缩数据写掩码比特压缩指令

【相关专利】

US9354877（Systems，apparatuses，and methods for performing mask bit compression，2011 年 12 月 23 日申请，已失效，中国同族专利 CN 104025020 B、CN 107220027 A）

【相关指令】

KCOMPRESS 指令（KCOMPRESS k1，k2）将 k2 中被设为 1 的写掩码位复制到 k1 的最低有效位。源和目的操作数均为写掩码寄存器。KCOMPRESS 共包括两条指令，助记符 KCOMPRESSD 表示复制所有 k2 中被设为 1 的写掩码位，助记符 KCOMPRESSQ 表示复制 k2 的 8 个最低有效位中被设为 1 的写掩码位。手册未公开相关指令。

【相关内容】

本节专利技术提出了写掩码比特压缩指令，这使得程序可以灵活地设置写掩码寄存器的值。

图 10.20 为 KCOMPRESSD 指令执行过程的逻辑框图。如图 10.20 所示，在源写掩码寄存器中，比特 1、3、4、6、11、12 的值为 1。这 6 个写掩码被压缩到目的写掩码寄存器的 6 个最低比特中。

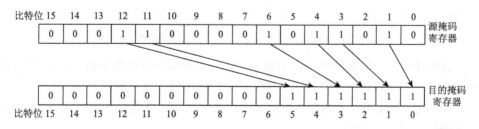

图 10.20　KCOMPRESSD 指令执行过程的逻辑框图

图 10.21 为 KCOMPRESSQ 指令执行过程的逻辑框图。如图 10.21 所示，虽然在源掩码寄存器中，比特 1、3、4、6、7、11、12、14、15 的值为 1，但只有（8 个最低有效位中）比特 1、3、4、6、7 被压缩到目的写掩码寄存器的 5 个最低比特中。

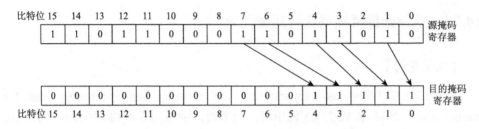

图 10.21　KCOMPRESSQ 指令执行过程的逻辑框图

10.6.5　掩码寄存器上的广播操作

【相关专利】

US20130326192（Broadcast operation on mask register，2011 年 12 月 22 日申请，已失效，中国同族专利 CN 104011663 B）

【相关指令】

KBROADCAST 掩码广播指令。手册未公开相关指令。

【相关内容】

本节专利技术提出的掩码广播指令包括目的操作数、源操作，并指出广播的数据元素大小，执行指令可以将数据从两个源广播到掩码寄存器。示例指令如下：

```
KBROADCAST{B/W/D/Q}k1,k2/存储器{k3}
```

该指令将第一源操作数 "k2/存储器" 中的全部或部分内容和第二源操作数的内容组合（如逻辑运算、算术运算等）后，广播到目的地的掩码寄存器。

图 10.22 为使用一个源操作数的掩码广播示例，即将源操作数中 A_0 广播 8 次写入掩码寄存器的操作。

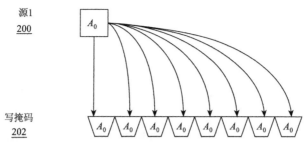

图 10.22　使用一个源操作数的掩码广播示例

图 10.23 为使用两个源操作数的掩码广播操作的例子。图 10.23 中源操作数 252 中的数据与源操作数 254 中的各元素进行组合（逻辑与）操作，然后把结果存入到写掩码 256 中。

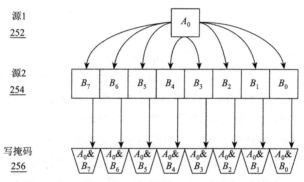

图 10.23　使用两个操作数的掩码广播操作的例子

10.7　无须标记位的操作数基础系统转换的向量乘法

加密算法常常需要向量乘法运算。然而，支持整数和向量指令的处理器中特殊标记电路或进位往往是为整数指令而非向量指令设计的。为了解决该问题，英特尔公司提出了利用操作数基础系统转换及再转换的向量乘法的专利技术，该方法无须通常用的特定进位标记。

【相关专利】

（1）US9355068（Vector multiplication with operand base system conversion and re-conversion，2012 年 6 月 29 日申请，预计 2033 年 5 月 5 日失效，中国同族专利 CN 104321740 B、CN 108415882 B）

（2）US10095516（Vector multiplication with accumulation in large register space，2012 年 6 月 29 日申请，预计 2036 年 3 月 24 日失效，中国同族专利 CN 104350492 B）

【相关指令】

本节专利技术为向量乘法使用的指令序列。相关指令包含紧缩数据乘法、累加、迭代及广播操作等。本节专利技术的乘累加新指令助记符 VMULTADDLO 可对应 AVX-512 指令集中的 VPMADD52LUQ；VMULTADDHI 可对应 VPMADD52HUQ，指令描述如下：

（1）VPMADD52LUQ（packed multiply of unsigned 52-bit integers and add the low 52-bit products to qword accumulators，无符号 52 位紧缩整数乘法，并将低 52 位乘积累加）指令将第一源操作数（第二操作数）中每个四字元素（64 位）中的紧缩无符号 52 位整数和第二源操作数（第三操作数）中的对应元素中的紧缩无符号 52 位整数相乘，形成 104 位的无符号整数中间结果乘积。将每个 104 位中间结果乘积中的低 52 位和目的操作数（第一操作数）中对应的四字无符号整数相加。其中源和目的操作数可以是 ZMM、YMM 或 XMM 寄存器，第二源操作数还可以是 512 位、256 位或 128 位存储位置或从 64 位存储位置广播来的 512 位、256 位或 128 位向量。

（2）VPMADD52HUQ（packed multiply of unsigned 52-bit unsigned integers and add high 52-bit products to 64-bit accumulators，无符号 52 位紧缩整数乘法，并将高 52 位乘积累加）指令将第一源操作数（第二操作数）中每个四字元素（64 位）中的紧缩无符号 52 位整数和第二源操作数（第三操作数）中的对应元素中的紧缩无符号 52 位整数相乘，形成 104 位的无符号整数中间结果乘积。每个 104 位中间结果乘积中的高 52 位和目的操作数（第一操作数）中对应的四字无符号整数相加。其中源和目的操作数可以是 ZMM、YMM 或 XMM 寄存器，第二源操作数还可以是 512 位、256 位或 128 位存储位置或从 64 位存储位置广播来的 512 位、256 位或 128 位向量。

【相关内容】

本节专利提出了一种执行向量乘法的技术，该技术能够在宽度较大（大于部分乘积项表示的数字）的寄存器中累加部分乘积项的和。因为该和被写入到宽度较大的寄存器，所以无须传统技术的特殊进位逻辑。具体的方法是在乘法操作之前将输入操作数从其原始较高的基础系统（如 64 位）转换成由较小数字表征的较低基础系统（如 52 位）；用转换过的向量元素进行多次乘法运算；在寄存器中将多次乘法运算的结果（部分乘积项）进行累加；最后将乘法的结果转换回原始基础系统。

操作数基础系统转换的向量乘法示例如图 10.24 所示。在原始系统中，被乘数 404_1 与乘数 405_1 分别由 3 元素向量和 2 元素向量表示，其中每个元素为 64 位；通过转换过程 406 转换为较低系统的 4 元素向量 404_2 和 3 元素向量 404_2，其中基数为 52 位，较高位 12 位如 407 为 12 个零，即寄存器中预留给进位的位。然后将较低系统表示的向量相乘。408 过程展示的是利用新指令 VMULTADDLO

和 VMULTADDHI 完成的乘法。乘数中最低位元素和被乘数中的每个元素分别相乘，VMULTADDLO 保留乘积低 52 位，最低位元素左移一个向量尺寸（64 位）后使用 VMULTADDHI 指令完成相乘并保留高 52 位。之后乘数中次低位元素和被乘数中的每个元素分别相乘，重复此过程直至完成乘数中所有元素和被乘数中的每个元素分别相乘。由于 VMULTADDLO 和 VMULTADDHI 是乘累加操作，以上重复过程中即完成了所有部分乘积的加法，因此乘数最高位完成和被乘数的乘法即同时得到 441 的较低系统乘法结果值。最后将乘法的结果转换回原始基础系统。

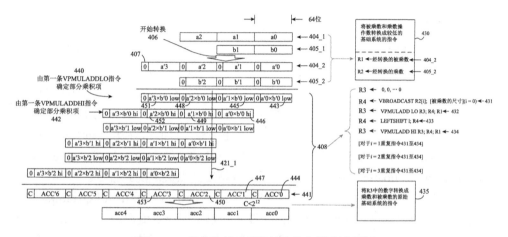

图 10.24　操作数基础系统转换的向量乘法示例

图 10.25 给出了 VMULTADDLO 和 VMULTADDHI 指令执行逻辑电路。本节专利申请中描述的 VMULTADDLO 和 VMULTADDHI 指令分别对应手册的 VPMADD52LUQ 和 VPMADD52HUQ 指令。

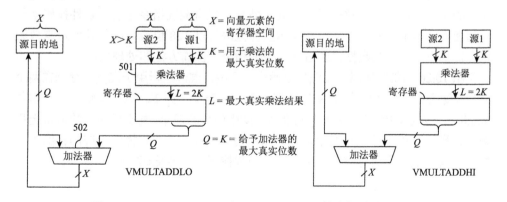

图 10.25　VMULTADDLO 和 VMULTADDHI 指令执行逻辑电路

10.8　写掩码混洗指令

【相关专利】

US9524168（Apparatus and method for shuffling floating point or integer values，2011 年 12 月 23 日申请，预计 2033 年 11 月 10 日失效，中国同族专利 CN 104025040 B、CN 107741861 B）

【相关指令】

（1）AVX-512 指令集 8 条 SHUFF32x4/SHUFF64x2/SHUFI32x4/SHUFI64x2（shuffle packed values at 128-bit granularity，在 128 位粒度混洗紧缩值）指令，使用 8 位立即数 imm8，混洗第一源操作数 ymm2/zmm2 和第二源操作数 ymm3/m256/m32bcst、zmm3/m512/m32bcst、ymm3/m256/m64bcst 或 zmm3/m512/m64bcst 中的 128 位紧缩单精度或双精度浮点值、双字或四字，并根据写掩码写入目的寄存器 ymm1/zmm1。

（2）AVX-512 指令集 3 条 VSHUFPD（packed interleave shuffle of pairs of double-precision floating-point values，紧缩双精度浮点值混洗）指令。

（3）AVX-512 指令集 3 条 VSHUFPS（packed interleave shuffle of quadruplets of single-precision floating-point values，紧缩四个单精度浮点值混洗）指令使用 8 位立即数 imm8 在第一源操作数 xmm2/ymm2/zmm2 和第二源操作数 xmm3/m128、ymm3/m256 或 zmm3/m512 中选择 4 个单精度浮点值，根据写掩码写入目的寄存器 xmm1/ymm1/zmm1。

【相关内容】

现有混洗指令可以用于从两个或多个源寄存器选择数据元素，并将它们复制到目的寄存器内的不同数据元素位置。然而，现有混洗指令不能和条件掩码功能一起使用。本节专利技术提出了使用条件掩码且以 128 位或 256 位粒度对来自源寄存器的浮点或整数数据元素进行混洗的指令、操作方法和处理器。

图 10.26 为带写掩码的混洗指令操作示意图。混洗逻辑用于混洗，存储在两个 512 位源寄存器中的四个 128 位数据元素 A～D 和 E～F。混洗逻辑基于立即数 imm8 的前四位的值来选择数据元素 A～D 中的任意两个，基于后四位的值来选择数据元素 E～H 中的任意两个。掩码用于写掩码操作，决定掩码对应的目的寄存器是否写入源操作数对应值。掩码支持归零掩码或合并掩码[①]。

---

① 本节专利权利要求中没有提及立即数。

图 10.27 为带写掩码的混洗指令操作流程图。

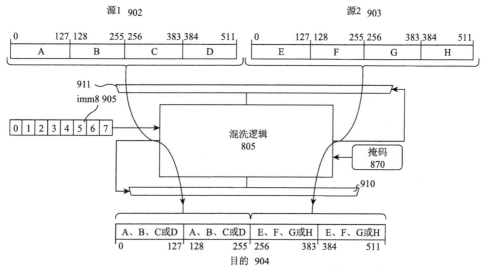

图 10.26　带写掩码的混洗指令操作示意图

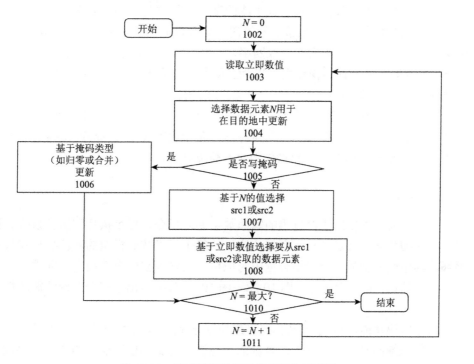

图 10.27　带写掩码的混洗指令操作流程图

10.9　紧缩数据写掩码循环指令

【相关专利】

US9864602（Packed rotate processors，methods，systems，and instructions，2011 年
12 月 30 日申请，预计 2033 年 9 月 19 日失效，中国同族专利 CN 104011652 B）

【相关指令】

（1）PROLD/PROLVD/PROLQ/PROLVQ（bit rotate left，按位左循环）指令将
源操作数中的单个数据元素（双字或四字）中的位数左移计数操作数（第三操作
数）指定的位数，并将结果按照写掩码存储到目的操作数（第一操作数）。因为源
操作数中数据元素可以为双字或四字，源和目的操作数可以为 XMM、YMM 或
ZMM 寄存器，并且计数操作数可以为 8 位立即数、寄存器、存储或存储广播，
因此该类别共包含 12 条指令。

（2）PRORD/PRORVD/PRORQ/PRORVQ（bit rotate right，按位右循环）指令
将源操作数中的单个数据元素（双字或四字）中的位数右移计数操作数（第三操
作数）指定的位数，并将结果按照写掩码存储到目的操作数（第一操作数）。因为
源操作数中数据元素可以为双字或四字，源和目的操作数可以为 XMM、YMM 或
ZMM 寄存器，并且计数操作数可以为立即数、寄存器、存储或存储广播，因此
该类别共包含 12 条指令。

其中助记符中 D 表示数据元素为双字 32 位；Q 表示数据元素为四字 64 位；
包含 V 的指令，循环计数操作数为寄存器、存储位置或 32 位或 64 位存储位置的
广播；不包含 V 的指令，计数操作数是 8 位立即数。

【相关内容】

本节专利技术提出了经掩码的紧缩数据循环指令、指令执行方法及系统。该
操作将紧缩数据（或者广播的存储位置）的每个元素按照指定的数值按位左或右
循环，其中数值由另一个紧缩数据中对应位置元素或立即数等指定，并按照掩码
的指示存储到目的寄存器中。图 10.28～图 10.30 分别给出了三个示例的循环操作
示意图。

通过掩码功能，可执行合并-掩码或填零-掩码。在合并-掩码中，当结果数据
元素操作被掩码时，可将来自源数据的相应数据元素的值存储在相应的结果数据
元素中。在填零-掩码中，当结果数据元素操作被掩码时，可将零值或其他预定的
值存储在对应结果数据元素中。

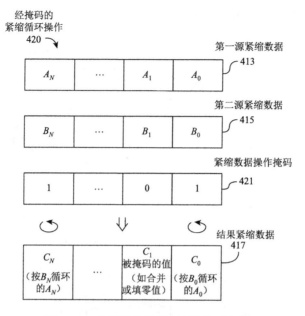

图 10.28　掩码紧缩数据循环操作示意图

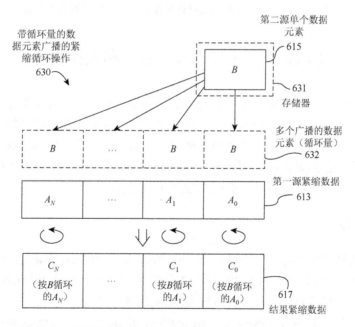

图 10.29　紧缩数据循环操作示意图（循环量为数据元素广播）

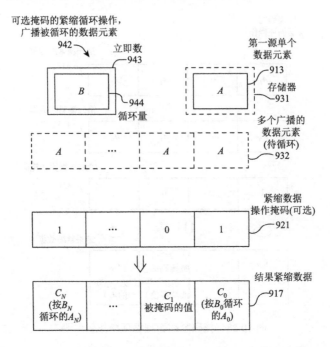

图 10.30　掩码广播数据元素循环操作示意图（循环量为立即数）

10.10　改进的插入、提取和置换指令

插入、提取和置换是 SIMD 架构中的几种常见操作。插入操作使用新的数据元素替换向量中的某个旧数据元素，提取操作从向量中提取出某个指定的数据元素，置换操作从输入向量中提取出多个数据元素，并按指定的顺序放入目的向量中。本节专利技术提出改进的插入、提取、置换指令，与已有的同类指令相比，改进的指令可以涵盖更多种类的向量数据元素宽度。

【相关专利】

（1）US9619236（Apparatus and method of improved insert instructions，2011 年 12 月 23 日申请，预计 2033 年 12 月 7 日失效，中国同族专利 CN 104081342 B、CN 107193537 B、CN 111831334 A、CN 111831335 A）

（2）US9588764（Apparatus and method of improved extract instructions，2011 年 12 月 23 日申请，预计 2033 年 9 月 29 日失效，中国同族专利 CN 104115114 B、CN 108241504 A）

（3）US9658850（Apparatus and method of improved permute instructions，

2011 年 12 月 23 日申请，预计 2034 年 2 月 12 日失效，中国同族专利 CN 104011616
B、CN 107391086 B）

【相关指令】

（1）AVX-512 指令集的 VINSERTF（insert packed floating-point values，插入
紧缩浮点数）指令将来自第二源操作数（第三操作数）的 128 位或 256 位紧缩浮点
数插入目的操作数（第一操作数）中以 128 位或 256 位为粒度的偏移量 imm8[1:0]或
imm8[0]所示的位置上。目的操作数的剩余部分用第一源操作数（第二操作数）的对
应域填充。第二源操作数可以是 XMM 或 YMM 寄存器或 128 位或 256 位的内存空
间，目的操作数和第一源操作数可以是 YMM 或 ZMM 寄存器。VINSERTF 共包括 4
条指令，其中助记符 VINSERTF32X4 表示插入的紧缩浮点数由 4 个 32 位单精度浮点
数组成，助记符 VINSERTF64X2 表示插入的紧缩浮点数由两个 64 位双精度浮点数组
成，助记符 VINSERTF32X8 表示插入的紧缩浮点数由 8 个 32 位单精度浮点数组成，
助记符 VINSERTF64X4 表示插入的紧缩浮点数由 4 个 64 位双精度浮点数组成。

（2）AVX-512 指令集的 VEXTRACTF（extract packed floating-point values，提
取紧缩的浮点数）指令将来自源操作数（第二操作数）的 128 位或 256 位紧缩浮点
数存入目的操作数（第一操作数）的低 128 位或 256 位。被提取的 128 位或 256 位
数据位于以 128 位或 256 位为粒度的偏移量 imm8[1:0]或 imm8[0]所示的位置上。源
操作数可以是 YMM 或 ZMM 寄存器，目的操作数可以是 XMM 或 YMM 寄存器或
128 位或 256 位的内存空间。VEXTRACTF 共包括 4 条指令，其中助记符
VEXTRACT32X4 表示提取的紧缩浮点数由 4 个 32 位单精度浮点数组成，助记符
VEXTRACT64X2 表示提取的紧缩浮点数由两个 64 位双精度浮点数组成，助记符
VEXTRACT32X8 表示提取的紧缩浮点数由 8 个 32 位单精度浮点数组成，助记符
VEXTRACT64X4 表示提取的紧缩浮点数由 4 个 64 位双精度浮点数组成。

（3）AVX-512 指令集的 VPERMW（permute packed words elements，置换紧
缩的字元素）指令根据第一源操作数（第二操作数）中指定的下标，将第二源操
作数（第三操作数）中的多组字元素复制到目的操作数（第一操作数）中。第一
操作数、第二操作数可以是 ZMM、YMM 或 XMM 寄存器，第三操作数可以是
ZMM、YMM 或 XMM 寄存器或 512 位、256 位或 128 位的内存空间。

（4）AVX2 和 AVX-512 指令集的 VPERMD（permute packed doublewords
elements，置换紧缩的双字元素）指令根据第一源操作数（第二操作数）中指定的
下标，将第二源操作数（第三操作数）中的多组双字元素复制到目的操作数（第
一操作数）中。第一操作数、第二操作数可以是 ZMM 或 YMM 寄存器，第三操
作数可以是 ZMM 或 YMM 寄存器、512 位或 256 位的内存空间或来自于 64 位内

存空间广播的 512 位或 256 位向量。AVX2 指令集的 VPERMD 指令支持 YMM 寄存器；AVX-512 指令集的 VPERMD 指令增加了对 ZMM 寄存器和写掩码的支持。

（5）AVX2 和 AVX-512 指令集的 VPERMQ（qwords element permutation，四字元素置换）指令根据控制向量或立即操作数中指定的下标，将源操作数中的多组四字元素复制到目的操作数中。源操作数可以是 ZMM 或 YMM 寄存器、512 位或 256 位的内存空间或来自于 64 位内存空间广播的 512 位或 256 位向量，目的操作数可以是 ZMM 或 YMM 寄存器。AVX2 指令集的 VPERMQ 指令支持 YMM 寄存器；AVX-512 指令集的 VPERMQ 指令增加了对 ZMM 寄存器和写掩码的支持。

（6）AVX 和 AVX-512 指令集的 VPERMILPS（permute in-lane of quadruples of single-precision floating-point values，置换多组四重单精度浮点数）指令根据第二源操作数（第三操作数）中的多个两位控制域，对第一源操作数（第二操作数）中的多组四重单精度浮点数进行置换。置换的结果存储在目的操作数（第一操作数）中。源操作数可以是 ZMM、YMM 或 XMM 寄存器，512 位、256 位或 128 位的内存空间或来自于 32 位内存空间广播的 512 位、256 位或 128 位向量，目的操作数可以是 ZMM、YMM 或 XMM 寄存器。AVX 指令集的 VPERMILPS 指令支持 YMM/XMM 寄存器；AVX-512 指令集的 VPERMILPS 指令增加了对 ZMM 寄存器和写掩码的支持。

（7）AVX 和 AVX-512 指令集的 VPERMILPD（permute in-lane of pairs of double-precision floating-point values，置换多组成对的双精度浮点数）指令根据第二源操作数（第三操作数）中的多个 1 位控制域，对第一源操作数（第二操作数）中的多对双精度浮点数进行置换。置换的结果存储在目的操作数（第一操作数）中。源操作数可以是 ZMM、YMM 或 XMM 寄存器、512 位、256 位或 128 位的内存空间或来自于 64 位内存空间广播的 512 位、256 位或 128 位向量，目的操作数可以是 ZMM、YMM 或 XMM 寄存器。AVX 指令集的 VPERMILPD 指令支持 YMM 或 XMM 寄存器；AVX-512 指令集的 VPERMILPD 指令增加了对 ZMM 寄存器和写掩码的支持。

（8）VPERM64X1、VPERM64X2、VPERM32X4 指令将源操作数中的多组由 1 个 64 位双精度浮点数、两个 64 位双精度浮点数或 4 个 32 位单精度浮点数组成的紧缩元素置换到目的操作数中。手册未公开相关指令。

【相关内容】

图 10.31 为执行 VINSERTF32X4 指令操作的逻辑框图。VINSERTF32X4 指令分别接收 128 位数据 401_A 和 512 位向量 402_A，并将其作为第一输入操作数和第二输入操作数。401_A 包含 4 个 32 位单精度浮点值，而 402_A 包含 4 个长度为 128 位的数据块。立即操作数（未示出）用于指示将被 401_A 覆写的 402_A 的数据块。所得的数据 403_A 通过掩码 404_A 写入目的寄存器 406_A，404_A 中的掩码向量指定数据 403_A 中的哪些 32 位数据值需要被写入。

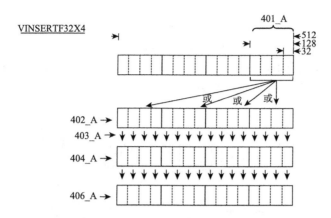

图 10.31　执行 VINSERTF32X4 指令操作的逻辑框图

其他插入指令的操作过程与 VINSERTF32X4 相似，但操作的数据元素宽度不同，详见"相关指令"所述。

图 10.32 为执行 VEXTRACT32X4 指令操作的逻辑框图。VEXTRACT32X4 指令接收 512 位向量 401_E 并将其作为输入操作数。401_E 包含 4 个长度为 128 位的数据块，其中每个数据块又包含 4 个 32 位单精度浮点值。立即操作数（未示出）指示操作数 401_E 的 4 个 128 位块中的哪一个将被选择。被选择的数据块通过掩码层 402_E 写入目的寄存器 403_E，402_E 中的掩码向量指定被选择数据块中的哪些 32 位数据值需要被写入。

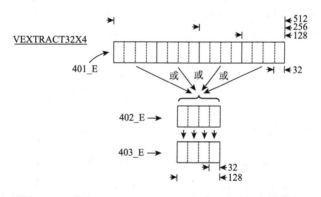

图 10.32　执行 VEXTRACT32X4 指令操作的逻辑框图

其他提取指令的操作过程与 VEXTRACT32X4 相似，但操作的数据元素宽度不同，详见"相关指令"所述。

图 10.33 为执行 VPERMW 指令操作的逻辑框图。VPERMW 指令接收 512 位向量 401_I 并将其作为输入操作数。401_I 包含 32 个长度为 16 位的数据块，每个

数据块的大小正好是一个字。对于输出向量中的每个数据块，第二输入向量（未示出，也称为索引向量）指示用输入操作数 401_I 的哪一个 16 位数据块进行填充。所得的输出向量通过掩码层 402_I 写入目的寄存器 403_I，402_I 中的掩码向量指定输出向量中的哪些 16 位数据块需要被写入。

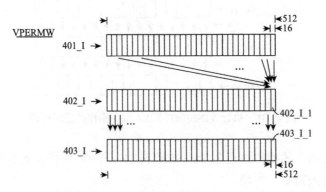

图 10.33　执行 VPERMW 指令操作的逻辑框图

　　其他向量置换指令的操作过程与 VPERMW 指令相似，但操作的数据元素宽度不同，详见"相关指令"所述。

　　图 10.34 为改进的插入、提取和置换指令执行单元的逻辑框图。寄存器 501 耦合至向量元素路由逻辑电路 502，该电路根据寄存器 507 中的立即操作数或索引向量完成插入、提取或置换操作。掩码层逻辑电路 504 接收来自寄存器 508 的掩码向量，控制计算结果的写入。寄存器 506 为目的寄存器。

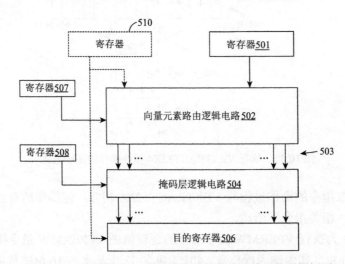

图 10.34　改进的插入、提取和置换指令执行单元的逻辑框图

10.11　冲突检测和向量紧缩广播指令

【相关专利】

US9665368（Systems，apparatuses，and methods for performing conflict detection and broadcasting contents of a register to data element positions of another register，2012 年 9 月 28 日申请，预计 2035 年 6 月 1 日失效，中国同族专利 CN 104903867 B）

【相关指令】

本节相关专利和以下两类指令有关。

（1）向量紧缩冲突测试指令 VPTESTCONF，详见"相关内容"。手册未公开相关指令。

（2）AVX-512 指令集向量紧缩广播指令 VPBROADCASTM（broadcast mask to vector register，广播掩码到向量寄存器）把源操作数（第二操作数）中低字节或字的值，经过零扩展到 64 位或 32 位值并广播到目的操作数（第一操作数）的每个 64 位或 32 位。源操作数是掩码寄存器，目的操作数是 ZMM 寄存器（EVEX.512 编码）、YMM 寄存器（EVEX.256 编码）或 XMM 寄存器（EVEX.128 编码）。VPBROADCASTM 指令共包括六条，其中助记符 VPBROADCASTMB2Q 表示低字节（8 位）零扩展到四字（64 位）；助记符 VPBROADCASTMW2D 表示低字（16 位）零扩展到双字（32 位）；两助记符均包含 EVEX.128、EVEX.256、EVEX.512 三种编码方式。

【相关内容】

稀疏更新需要在间接寻址的存储器位置上执行聚集（读）-修改-分散（写）操作，如聚集 16 个 $A[B[i]]$，进行 SIMD 计算，再将新的值分散回去。然而，该向量化假设单个聚集或分散指令访问每个存储器位置不超过一次。如果 $B[i]$ 的两个连续值是相同的，那么对于第二个值的读-修改-写依赖于第一个值。因此以 SIMD 方式同时进行读写动作违背该依赖性并且可能导致错误结果。因此，需要对向量寄存器中的每个值与较早（更接近最低有效位）元素是否一致进行比较。现有技术使用函数执行冲突检测，大致操作如下：

（1）将 elements_left_mask 零扩展成与索引相同的尺寸，然后将结果与多个比较的每个元素进行逻辑与。需要将掩码移动到通用寄存器，然后将其广播到向量寄存器。

（2）测试（1）的结果中每个元素是否与零相等。如果元素是零，那么它不具有冲突，我们在输出掩码寄存器中设置与该元素对应的位。

（3）将（2）的结果与 elements_left_mask 进行逻辑与，并存储结果。

　　本节专利技术提出了在稀疏更新中，代替使用函数进行冲突检测，本节专利技术提出，在稀疏更新中使用单条向量紧缩测试冲突指令、单条向量紧缩广播指令执行冲突检测，以及执行这两条指令的方法、装置和系统。

　　执行向量紧缩冲突测试指令 VPTESTCONF，首先将源写掩码操作数的数据和源操作数的每个数据元素进行逻辑与（第一次），其次判断这些逻辑与操作中的哪些指示冲突，以形成冲突检查结果，然后将冲突检查结果与来自源写掩码操作数的数据进行逻辑与（第二次），最后将第二次逻辑与的结果存储到目的地写掩码操作数。

　　VPTESTCONF 操作示例如图 10.35 所示。将来自源掩码寄存器 101 的数据与源紧缩数据 103 的数据元素进行逻辑与（105）。对每个逻辑与操作的结果进行判断逻辑 107，判断与的结果是否为零。如果为零，那么该元素和其他数据元素间无冲突。判断结果被存储在临时结果寄存器 109（当无冲突时为"1"，其他情况下

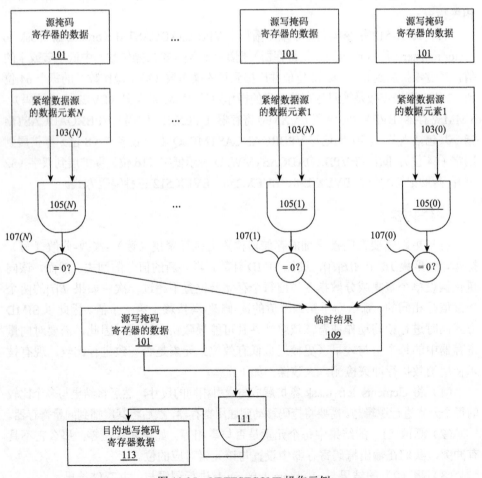

图 10.35　VPTESTCONF 操作示例

为 0）。再利用逻辑与（111）的临时结果和源写掩码寄存器的数据进行逻辑与，以放弃已经被处理的任何元素。该逻辑与的结果被存储在目的写掩码寄存器中。

VPTESTCONF 指令格式为

VPTESTCONF k1,k2,r2

目的操作数 k1 是写掩码寄存器；k2 是源写掩码寄存器；源操作数 r2 是向量寄存器。

前面操作中源掩码寄存器的数据与源向量的数据元素进行逻辑与，需要将掩码寄存器中的紧缩数据尺寸扩展到与源向量数据尺寸一致，可以用 VPBROADCASTM 指令实现。

VPBROADCASTM 指令可以把掩码寄存器中尺寸为 M 的值广播到向量寄存器中尺寸为 N 的数据元素，其中 $N>M$。指令格式为

VPBROADCASTM {k2} r2,k1

式中，源操作数 k1 是写掩码寄存器；目的操作数 r2 是向量寄存器；k2 是可选的写掩码（若最低有效位的位置为 0，则目的寄存器的最低有效数据元素位置不会被写入）。操作码附有数据传送类型的指示，如 B2W（byte to word，字节至字）、W2Q（word to quad word，字至四字）等，用于指示零扩展的数据元素的尺寸。指令还与其他寄存器合作，并非仅仅是写掩码寄存器。图 10.36 为处理 VPBROADCASTM 指令的示例流程。

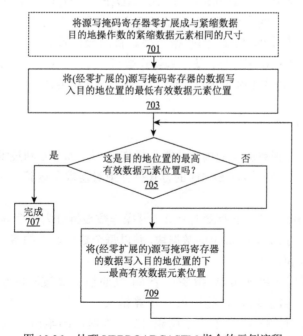

图 10.36　处理 VPBROADCASTM 指令的示例流程

10.12　双块绝对差求和指令

【相关专利】

US9582464（Systems, apparatuses, and methods for performing a double blocked sum of absolute differences, 2011 年 12 月 23 日申请，预计 2033 年 12 月 7 日失效，中国同族专利 CN 104025019 B、CN 108196823 A）

【相关指令】

本节相关专利和以下两类指令有关。

（1）AVX-512 指令集的 VDBPSADBW（double block packed sum-absolute-differences on unsigned bytes，无符号字节的双块紧缩绝对差求和）指令从两个 32 位的双字元素中计算无符号字节的紧缩绝对差之和（sum of absolute differences，SAD）字。紧缩 SAD 字在两个双字元素组成的四字超级块（superblock）中计算，每个 64 位超级块产生 4 个紧缩 SAD 字，存于目的寄存器中。目的操作数和第一源操作数可以是 ZMM、YMM 或 XMM 寄存器，第二源操作数可以是 ZMM、YMM 或 XMM 寄存器或 512 位、256 位或 128 位内存空间。

（2）其他数据类型的 DBPSAD（DBPSAD{B/W/D/Q}{B/W/D/Q} src1/dest，src2，imm8）指令。两个标识符{B/W/D/Q}分别表示源操作数中数据元素的类型和目的操作数中产生的 SAD 的数据类型。目的操作数和第一源操作数可以是 ZMM、YMM 或 XMM 寄存器，第二源操作数可以是 ZMM、YMM 或 XMM 寄存器或 512 位、256 位或 128 位内存空间。手册未公开相关指令。

【相关内容】

绝对差求和是视频编码应用中的常见操作之一。本节专利技术提出双块绝对差求和指令，允许处理器以 SIMD 的方式执行绝对差求和运算，能加速视频编码应用的执行。

当执行双块绝对差求和指令时，第一源操作数被拆分为多个 64 位的通道，每个通道又进一步分为两个 32 位的数据块，并以每个数据块内的多个数据元素为单位进行绝对差求和操作。

图 10.37 为 DBPSADBW 指令一个 64 位通道计算过程的逻辑框图。源 1 操作数分为两个数据块，目的地保存计算结果。目的地位于低位的两个计算结果来自源 1 的低 32 位与源 2 中两组 32 位数据块的绝对差求和运算，目的

地位于高位的两个计算结果来自源 1 的高 32 位与源 2 中两组 32 位数据块的绝对差求和运算。参与绝对差求和运算的源 2 数据块的选择，由指令提供的立即数决定。

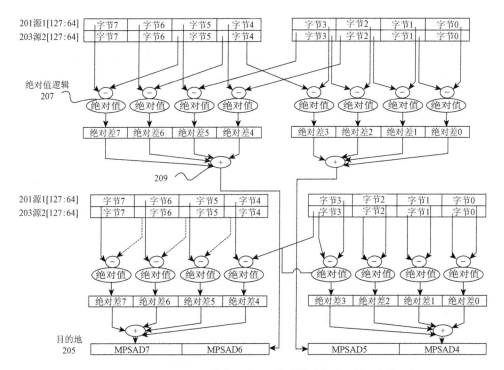

图 10.37　DBPSADBW 指令一个 64 位通道计算过程的逻辑框图

10.13　向量指令的读写掩码

向量指令允许处理器对批量的数据执行相同的操作，提高程序执行速度。但批量数据中可能存在个别数据元素，需要与其他数据不同的特殊操作。本节提出的向量指令的读写掩码，可以用于控制哪些元素被向量指令进行有效的操作。

【相关专利】

US9489196（Multielement instruction with different read and write masks，2011 年 12 月 23 日申请，预计 2033 年 6 月 13 日失效，中国同族专利 CN 104350461 B）

【相关指令】

AVX-512 指令集中带读写掩码的一类指令。

【相关内容】

　　向量指令可以分为普通向量指令和横向向量指令。普通向量指令读入向量操作数，对向量的每个元素执行相同的操作，并将结果写入目的向量操作数。横向向量指令读入向量操作数，计算向量的各个元素并产生标量结果，并把标量结果广播到目的向量操作数的各个元素中。不同的向量指令还可以使用不同数量的操作数。本节专利技术针对不同类型的向量指令，详细介绍应用读写掩码的方法。

　　图 10.38 为执行读写掩码的横向向量指令的功能单元逻辑框图。读掩码电路 303 将读掩码寄存器 301 中的读掩码应用于源操作数寄存器 302 中的输入向量，使得源操作数 300 中只有一部分元素参加向量指令进行的操作。执行逻辑电路 305 将操作应用于所选的元素集合，产生标量结果 R306。R306 在完整的向量数据宽度上扇出，形成输出向量 307。写掩码电路 308 将写掩码寄存器 309 的内容应用

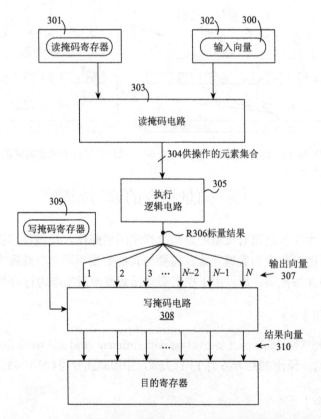

图 10.38　执行读写掩码的横向向量指令的功能单元逻辑框图

于输出向量 307，产生结果向量 310。结果向量 310 在写掩码置 1 的每个元素处保存计算结果，在其他数据元素处保存 0 或保持该数据元素原有的值。

图 10.39 为读写掩码的普通向量指令的功能单元逻辑框图。与横向向量指令不同，普通向量指令的功能单元拥有多个执行逻辑电路 315_1～315_N，用于并行地完成对向量中各个数据元素的操作。读掩码仍然通过读掩码电路 314 应用于输入向量，限制参加向量操作的数据元素。写掩码仍然通过写掩码电路 318 应用于输出向量，用于控制结果向量 320 的哪些数据元素被算得的结果覆写。

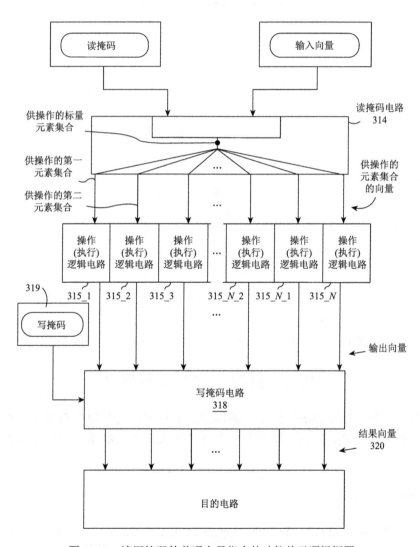

图 10.39　读写掩码的普通向量指令的功能单元逻辑框图

图 10.40 为读写掩码的双操作数向量指令的功能单元逻辑框图。与之前的示例不同，双操作数向量指令接收两个向量操作数，读掩码将分别应用于读入的两个向量操作数。与之前的示例相同，写掩码仍然应用于计算产生的输出向量，控制目的向量寄存器的哪些数据元素被改写。

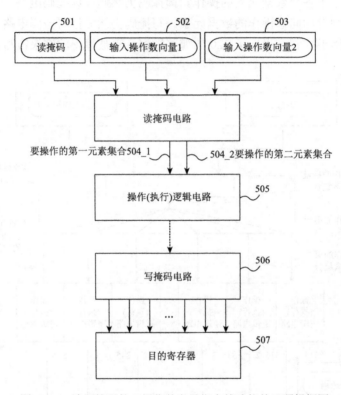

图 10.40　读写掩码的双操作数向量指令的功能单元逻辑框图

10.14　打包存储和加载拆开

打包存储（PackStore）指令和操作适用于将关注的分散的向量元素捆绑在一起以便并行处理，特别适用于有一个或多个大输入数据集但处理需求稀疏的应用。

【相关专利】

（1）US20090172348（Methods，apparatus，and instructions for processing vector data，2007 年 12 月 26 日申请，已失效，中国同族专利 CN 101482810B 和 CN 103500082B）

（2）US20130124823（Methods，apparatus，and instructions for processing vector data，2013 年 1 月 8 日申请，已失效）

【相关指令】

打包存储和加载拆开（LoadUnpack）指令，手册未公开相关指令。

【相关内容】

　　本节专利技术提出了执行打包存储和加载拆开的指令、执行方法及系统。此外，这两条指令还支持在执行过程中同时进行数据格式转换，如整型数据和浮点数据互换。

　　打包存储指令指定了存储位置、掩码寄存器和向量寄存器，该指令将向量寄存器中的所有未掩码的元素捆绑在一起（即打包），并将此新向量（寄存器文件源的子集）在任意的元素对齐地址处开始连续存储到存储器中。

　　加载拆开指令指定了存储位置、掩码寄存器和向量寄存器，该指令是打包存储的逆指令，从存储器地址加载连续的元素，并将该数据拆开恢复到目的向量寄存器的未屏蔽元素中。

　　执行打包存储指令的示例和执行加载拆开指令的示例如图 10.41 和图 10.42 所示。打包存储指令将指定的掩码寄存器 m1 中 1 对应的向量寄存器 v1 中 d、e、m 数据元素连续存放到 0b0101 开始的存储器位置。加载拆开指令将指定的存储器位置 0b0101 开始的连续数据元素，按照掩码寄存器 m1 中 1 的位置，存储到向量寄存器 v1 的对应位置中，即数据元素 d、e、n 的位置。

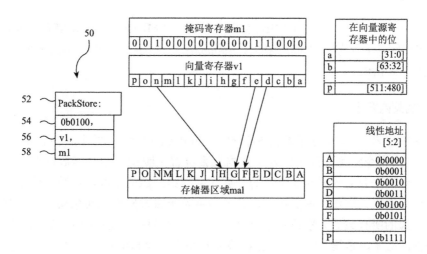

图 10.41　执行打包存储指令的示例

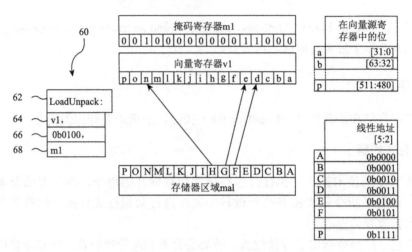

图 10.42　执行加载拆开指令的示例

10.15　混洗和操作组合指令

【相关专利】

US9218182（Systems，apparatuses，and methods for performing a shuffle and operation（shuffle-op），2012 年 6 月 29 日申请，预计 2034 年 7 月 13 日失效，中国同族专利 CN 104335166 B）

【相关指令】

本节专利中指令助记符 VSHP{0P} 包括 VSHPMULLQ、VSHPAPD、VSHPDIV和 VSHPSUB，分别对应混洗乘法、混洗加法、混洗除法和混洗减法操作，手册未公开相关指令。

【相关内容】

本节专利技术提出了混洗和操作（shuffle-op）组合指令、方法和装置。VSHP{0P} 指令将第一源中的若干数据元素位置按照指令中立即数定义的数值混洗，并对混洗后的数据元素位置的数据元素与第二源的未经混洗数据元素位置中的数据元素执行操作。该操作可以是加减乘除等算术操作或布尔操作等。其中并非第一源的所有数据元素位置都可以用于稍后的操作。通过从每个数据元素位置减去立即数来限定第一源的混洗。指令中还可以包含掩码操作。VSHP{0P} 指令执行的部分流程图如图 10.43 所示。

VSHPAPD 指令完成混洗和加法操作，目的地 j 位置的数据元素 $dest[j]=$
$src1[j\text{-}imm]+src2[j]$。图 10.44 中立即数 imm 为 1，即将源 1 中"$j\text{-}1$"位置处的数
据元素和源 2 中 j 位置处的数据元素相加，将相加的和存储到目的地的 j 位置中。其
他混洗后再进行减法、乘法和除法的指令与操作示例分别如图 10.45～图 10.47 所示。

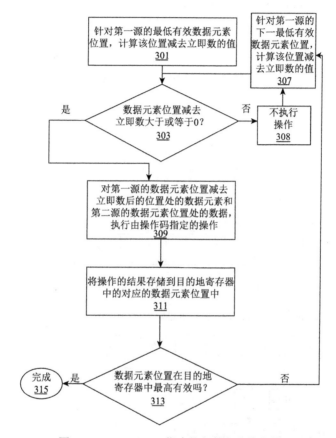

图 10.43　VSHP{0P}指令执行的部分流程图

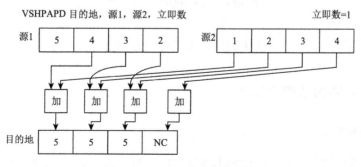

图 10.44　VSHPAPD 操作示例

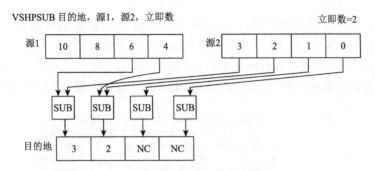

图 10.45　VSHPSUB 操作示例

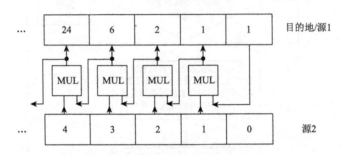

图 10.46　VSHPMULLQ 操作示例

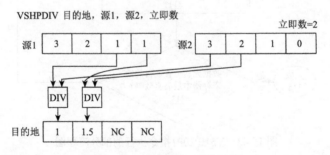

图 10.47　VSHPDIV 操作示例

10.16　乘乘加法

10.16.1　乘乘加法指令操作

【相关专利】

（1）US9733935（Super multiply add（super MADD）instruction，2011 年 12 月

23 日申请，预计 2034 年 2 月 17 日失效，中国同族专利 CN 104011665 B、CN 107102844 B）

（2）US9792115（Super multiply add（super MADD）instructions with three scalar terms，2011 年 12 月 23 日申请，预计 2034 年 6 月 3 日失效，中国同族专利 CN 104011664 B、CN 106775592 B）

【相关指令】

超级乘加类指令，也称超级 MADD。手册未公开此类指令。

（1）US9733935 专利中相关指令包括以下几种。

①VSMADD（包括向量单精度 VSMADDPS 和向量双精度 VSMADDPD）多次加法指令，用来计算 V1[ ] = (a*V2[ ]) + (b*V3[ ]) + V1[ ]；

②标量指令，用来 SMADD 计算 C = a*A + b*B + C。

③VFMMADD 多次加法指令，用来计算 V1[ ] = (a*V2[ ]) + (b*V3[ ])。

（2）US9792115 专利中相关指令包括以下两种。

①VPLANE（包括向量单精度 VPLANEPS 和向量双精度 VPLANEPD）多次加法指令，用来计算 V1[ ] = (a*V2[ ]) + (b*V3[ ]) + c。

②标量指令单精度 PLANESS 和双精度 PLANESD，用来计算 C = a*A + b*B + c。

【相关内容】

本节专利技术提出几条超级 MADD 指令操作、编码、格式和指令执行单元逻辑框图。两个专利技术中示例的具体指令不同。

本节专利 US9733935 提出了超级 MADD 指令 VSMADD。该指令执行操作 V1[ ] = +/- (a*V2[ ]) +/- (b*V3[ ]) +/-V1[ ]，其中 V2[ ] 和 V3[ ] 是输入向量，V1[ ] 是输入和输出向量，a 和 b 是输入标量。指令格式有三种：

①VSMADD r1;r2;r3;r4/m;

②VSMADD r1;k;z;r2;r3;r4/m;

③VSMADD r1;k;r2;r3;r4/m;i。

式中，r1~r3 为寄存器地址，分别存放 V1[ ]、V2[ ] 和 V3[ ]；r4/m 为标量 a 和 b 的寄存器地址或存储器存储位置，并且 a 和 b 被打包到同一地址或位置，因此该向量尺寸和 V1[ ]、V2[ ] 和 V3[ ] 不同；k 对应掩码向量；z 对应位选择以确定归零掩码操作（若掩码位为 0，则将 0 写入目的地）或合并掩码操作是否使用。i 是立即数，其中三位分别用于指示 (a*V2[ ])、(b*V3[ ]) 和 V1[ ] 三项的符号。VSMADD 指令执行单元内的逻辑电路框图和 VSMADD 指令编码如图 10.48 和图 10.49 所示。

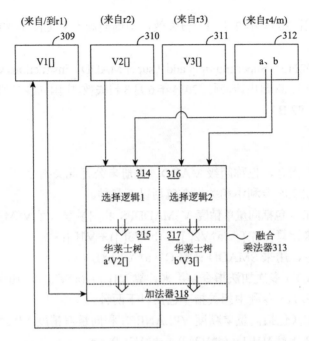

图 10.48　VSMADD 指令执行单元内的逻辑电路框图

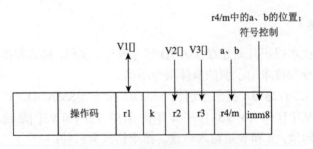

图 10.49　VSMADD 指令编码

US9733935 专利中还提出另一个超级 MADD 指令 VFMADD。该指令执行操作 V1[ ] = (a*V2[ ]) + (b*V3[ ])，如图 10.50 所示。和 VSMADD 指令相比，VFMADD 指令执行不用加入 V1[ ]，其他可以参照 VSMADD 指令。

US9792115 专利给出了 VPLANE 指令，该指令执行操作 V1[ ] = (a*V2[ ]) + (b*V3[ ]) + c，包含三个标量 a、b 和 c。VPLANE 指令执行单元内的逻辑电路框图和 VPLANE 指令编码如图 10.51 和图 10.52 所示。

两个专利技术均涉及两个乘法操作，该乘法操作可以在两个电路单元中同时进行，也可以用一个单元循环两次。

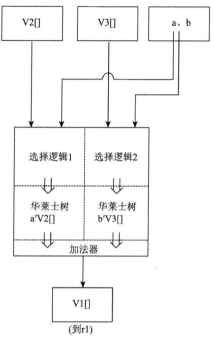

图 10.50　VFMADD 指令执行单元内的逻辑电路框图

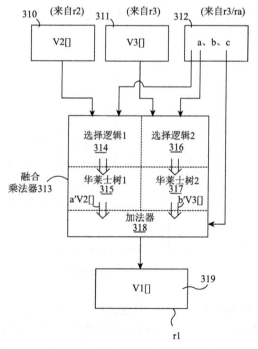

图 10.51　VPLANE 指令执行单元内的逻辑电路框图

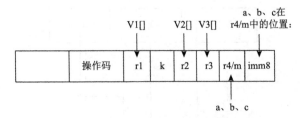

图 10.52　VPLANE 指令编码

10.16.2　乘乘加法指令应用优化

【相关专利】

（1）US8478969（Performing a multiply-multiply-accumulate instruction，2010 年 9 月 24 日申请，预计 2032 年 1 月 12 日失效，中国同族专利 CN 103221916 B）

（2）US8683183（Performing a multiply-multiply-accumulate instruction，2013 年 3 月 4 日申请，预计 2030 年 9 月 24 日失效）

【相关内容】

10.16.1 节介绍了超级 MADD 指令 VSMADD 和 VPLANE 等，超级 MADD 指令的一个应用是处理像素插值。图 10.53 为像素块方框图。当对像素块进行操作时，需要对应的像素位置信息。这时可以用单个像素做为参考，确定单个像素与 x 和 y 方向上的像素相关的位置信息。

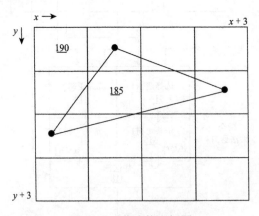

图 10.53　像素块方框图

在图 10.53 中，以像素 190 为例，假设计算 $ax + by + c$，其中 x、y 是位置信息，a、b 和 c 是系数，则图 10.53 中第一排从左到右的四个像素点分别为

$$ax + by + c,\ a(x+1) + by + c,\ a(x+2) + by + c,\ a(x+3) + by + c$$

第二排从左到右的四个像素点分别为

$ax + b(y + 1) + c$，　$a(x + 1) + b(y + 1) + c$，　$a(x + 2) + b(y + 1) + c$，　$a(x + 3) + b(y + 1) + c$

如果上面 16 个像素采用上式进行计算，那么需要很多乘法器。为了提高计算效率，减少运算单元面积和功耗，采用偏移量的方法执行乘乘加法指令。上述 8 个像素点计算式更改为第一排从左到右的四个像素点：

$ax + by + c$，$ax + by + c + a$，$ax + by + c + 2a$，$ax + by + c + 3a$

第二排从左到右的四个像素点分别为

$ax + by + c + b$，$ax + by + c + a + b$，$ax + by + c + 2a + b$，$ax + by + c + 3a + b$

由上述 8 个计算式可知，如果以 $ax + by + c$ 为基值，那么第一排剩余三个像素点的值分别在基值的基础上加偏移量 a、$2a$ 和 $3a$；第二排到第四排各个像素点分别在第一排对应像素点的基础上加偏移量 b、$2b$ 和 $3b$。由此达到将多组乘法运算转变为多组加法运算的目的。

图 10.54 为参考像素的乘乘加法操作流程和逻辑硬件实现，流程步骤和硬件逻辑对应关系如虚线箭头所示。第一步计算第一乘法 ax，第二步计算第二乘法

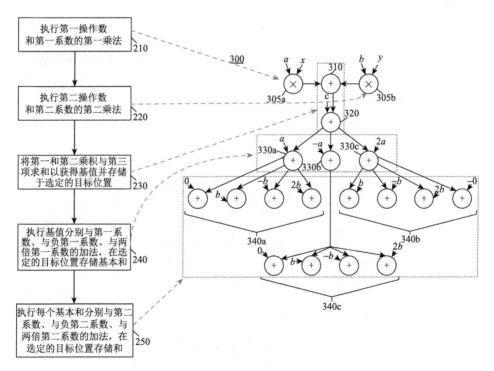

图 10.54　参考像素的乘乘加法操作流程和逻辑硬件实现

by，第三步做加法得到基值 $ax + by + c$，第四步将基值分别加、减及加两倍第一系数，得到基本和 $ax + by + c - a$、$ax + by + c + a$ 和 $ax + by + c + 2a$，最后在基本和基础上分别加、减及加两倍第二系数，得到结果。以上基值、基本和及最后一步的结果均存入目的寄存器。

10.17　共轭复数计算指令

【相关专利】

US9411583（Vector instruction for presenting complex conjugates of respective complex numbers，2011 年 12 月 22 日申请，预计 2033 年 2 月 15 日失效，中国同族专利 CN 104040488 B、CN 107153524 B）

【相关指令】

共轭复数计算类的向量指令，本节专利中没有给出指令助记符。手册未公开相关指令。

【相关内容】

有些计算任务需要进行复数运算，包括计算共轭复数。复数 $a + jb$ 的共轭复数为 $a - jb$，其中 a 表示实部，b 表示虚部。本节专利技术提出一种共轭复数计算指令、操作和实现方法，其中使用向量表示复数的实部和虚部，最终计算得出输入向量所表示复数的共轭复数。

共轭复数计算指令操作示意图如图 10.55 所示。输入向量操作数中保存了 4 个

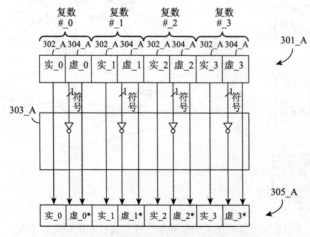

图 10.55　共轭复数计算指令操作示意图

复数，每个复数的实部和虚部相邻排列。各个复数的实部通过逻辑单元直接送入目的操作数。各个复数的虚部在通过逻辑单元时给符号位取反，然后写入目的操作数，即保存虚部符号改变后的复数（原复数的共轭复数）。此外，输入向量操作数中复数的排列方式不限，如所有实部相邻排列，所有虚部相邻排列，同时逻辑单元做相应的调整。

10.18　索　引　值

10.18.1　转换掩码寄存器至向量寄存器中的索引值

【相关专利】

US9454507（Systems，apparatuses，and methods for performing a conversion of a writemask register to a list of index values in a vector register，2011 年 12 月 23 日申请，预计 2032 年 10 月 17 日失效，中国同族专利 CN 104094218 B）

【相关指令】

VPMOVM2INDEXX 指令将源掩码寄存器中值为 1 的比特位下标存入目的向量寄存器中。源操作数是掩码寄存器，目的操作数可以是 ZMM、YMM 或 XMM 寄存器。VPMOVM2INDEXX 共包括 4 条指令，如 VPMOVM2INDEXX{B/W/D/Q} 所示，标识符{B/W/D/Q}表示目的向量寄存器的不同数据元素宽度。手册未公开相关指令。

【相关内容】

在某些应用中，需要将掩码寄存器各个比特的值转换到包含一系列相应的索引值的向量寄存器中。例如，当判断一组值的条件表达式的真假时，判断结果将写入掩码寄存器，通过前面的转换指令，可以快速地将条件表达式判断结果为真的数据取出并存到向量寄存器中。本节专利技术提出的指令可以实现上述的转换功能。

图 10.56 为 VPMOVM2INDEXX 指令操作过程的逻辑框图。源写掩码寄存器中存在 8 个有效位，目的向量寄存器中存在 8 个紧缩数据元素。源写掩码寄存器比特位置 1、3、4、6 均被设置为 1，且余下的比特位置均为 0。VPMOVM2INDEXX 指令把这些值为 1 的比特位置分别作为索引值写入目的向量寄存器的紧缩数据元素中。未被写入索引值的紧缩数据元素的值均被设置为 0xff。

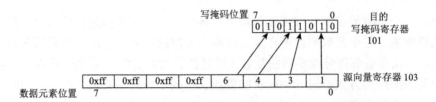

图 10.56　VPMOVM2INDEXX 指令操作过程的逻辑框图

10.18.2　产生重排指令相关控制索引的改进

【相关专利】

（1）US10565283（Processors，methods，systems，and instructions to generate sequences of consecutive integers in numerical order，2011 年 12 月 22 日申请，预计 2032 年 10 月 17 日失效，中国同族专利 CN 104011646 B）

（2）US9639354（Packed data rearrangement control indexes precursors generation processors，methods，systems，and instructions，2011 年 12 月 22 日申请，预计 2033 年 4 月 2 日失效，中国同族专利 CN 104126168 B）

（3）US9904547（Packed data rearrangement control indexes generation processors，methods，systems and instructions，2011 年 12 月 22 日申请，预计 2033 年 6 月 20 日失效，中国同族专利 CN 104011643 B）

（4）US10866807（Processors，methods，systems，and instructions to generate sequences of integers in numerical order that differ by a constant stride，2011 年 12 月 22 日申请，预计 2032 年 11 月 3 日失效，中国同族专利 CN 104011644 B）

（5）US9898283（Processors，methods，systems，and instructions to generate sequences of integers in which integers in consecutive positions differ by a constant integer stride and where a smallest integer is offset from zero by an integer offset，2011 年 12 月 22 日申请，预计 2033 年 10 月 5 日失效，中国同族专利 CN 104011645 B、CN108681465 A）

【相关指令】

（1）紧缩数据重新安排控制索引产生指令（packed data rearrangement control indexes generation instruction）。

（2）紧缩数据重新安排控制索引前体产生指令（packed data rearrangement control indexes precursors generation instruction）用于完全地在单个宏指令的执行范围内产生控制索引前体，而非实际控制索引。控制索引前体可以用作有用的起始点或前导值，通过一个或多个其他指令可以将该起始点或前导值高效地转换成实际控制索引。前体的使用可以允许更迅速地或利用更少指令来产生控制索引。

手册未公开相关指令。

【相关内容】

紧缩数据元素重排指令（混洗指令、置换指令）指定了控制索引，每个控制索引用于从源操作数中选择或索引一个任意数据元素。紧缩数据重排操作示例如图 10.57 所示。

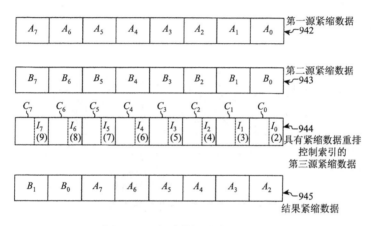

图 10.57　紧缩数据重排操作示例

现有技术一般由一系列通用紧缩数据算术指令对源紧缩数据执行操作，从低位到高位将源紧缩数据元素转换为控制索引。现有技术需要的指令数量随元素数量增加而增加，处理时间也相应增加。本节专利技术提出了一种可以产生用于紧缩数据元素重排指令的控制索引或索引前体的指令、处理器、方法和系统。执行该指令将生成并存储遵循数值模式的至少四个非负整数的序列。

处理用于产生控制索引的指令的流程如下：首先接收指令，该指令明确指定或隐式指示目的存储位置；然后响应该指令将结果存储在目的地存储中，该结果包含遵循数值模式的至少四个非负整数的序列。

遵循的数值模式的至少四个非负整数的序列可以是：①连续递增或递减的数值；②从零偏移 K（K 是整数偏移值）的连续递增或递减的数值；③递增或递减的连续循环移位；④递增或递减的连续偶数或奇数；⑤递增或递减的相差大于 2 的恒定跨度的数值；⑥从零偏移 K（K 是整数偏移值）且连续位置相差恒定跨度（N）的整数等。其中⑥的整数序列示例如表 10.1 所示。

表 10.1　整数序列示例（偏移量为 K 且恒定跨度为 N）

整数数量	恒定跨度（N）	偏移量（K）	遵循公式（$N \times i + K$）的整数序列
4	3	2	2，5，8，11
4	N	K	K，$N+K$，$2N+K$，$3N+K$
8	4	3	3，7，11，15，19，23，27，31
8	N	K	K，$N+K$，$2N+K$，$3N+K$，$4N+K$，$5N+K$，$6N+K$，$7N+K$

图 10.58 为控制索引产生的指令格式。该指令格式包含操作码和目的存储位置。指令中还可以包括数值模式的参数，如偏移量、跨度、循环量等。基于操作码或基于操作码和数值模式限定参数，执行指令后，存储相应模式的结果。

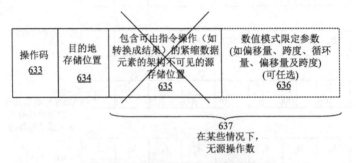

图 10.58　控制索引产生的指令格式

图 10.59 是产生控制索引指令的处理装置。此外，常用序列或重新产生成本高的数值序列可以预定存放在非架构可见的位置。

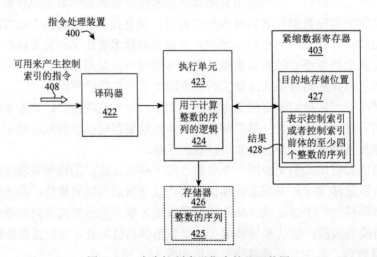

图 10.59　产生控制索引指令的处理装置

10.19　写掩码提取指令

写掩码寄存器数量是固定的，如果被使用了只能重新写入。为了避免将数据写入存储器，可以将数据写入通用寄存器、浮点寄存器或向量寄存器中。另外其他寄存器的尺寸通常大于掩码寄存器，可以存储多个写掩码。因此当需要掩码时，需要写掩码提取指令，该指令能将掩码从非掩码寄存器提取到掩码寄存器。

【相关专利】

US20140068227（Systems，apparatuses，and methods for extracting a writemask from a register，2011 年 12 月 22 日申请，已失效，中国同族专利 CN 104303141 A）

【相关指令】

指令 KEXTRACT 具体见"相关内容"。手册未公开相关指令[①]。

【相关内容】

本节专利技术提出了一种写掩码提取指令、该指令的执行方法和装置。KEXTRACT 指令的执行可以将来自通用寄存器、浮点寄存器或向量源寄存器的写掩码在内的所标识位集合存储到专用写掩码寄存器，其中存储哪些位由指令的立即数来定义。

图 10.60 为 KEXTRACT 指令操作示意图。图 10.61 为 KEXTRACT 指令操作

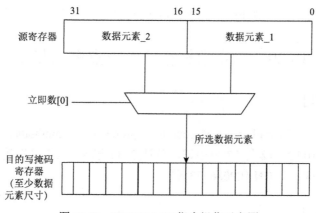

图 10.60　KEXTRACT 指令操作示意图

---

① AVX-512 指令集中 KMOVW/KMOVB/KMOVQ/KMOVD 指令和本节专利技术的 KEXTRACT 指令功能类似，区别在于 KMOVW/KMOVB/KMOVQ/KMOVD 指令操作数中不包含立即数，因此不在本节专利技术讨论范围内。

流程图。指令的示例性格式为 "KEXTRACTD k1，r32，imm8"。源操作数为 32 位通用寄存器，包含两个 16 位数据元素；立即数 imm8 的一位用于选择将两个数据元素中的哪个提取到目的操作数的写掩码寄存器 k1 中。类似地，如果源操作数包含四个 16 位数据元素，那么需要两位立即数用于四个数据元素的选择。提取的数据元素可以写入掩码寄存器的低有效位，也可根据立即数指定用于存储位的定位。

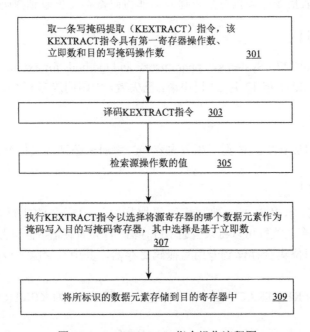

图 10.61　KEXTRACT 指令操作流程图

10.20　指定数据精度的浮点舍入指令

【相关专利】

US10209986（Floating point rounding processors，methods，systems，and instructions，2011 年 12 月 22 日申请，预计 2033 年 4 月 24 日失效，中国同族专利 CN 104011647 B、CN 109086073 A）

【相关指令】

指定数据精度的浮点舍入指令，包括标量和向量等类型浮点数，手册未公开相关指令。

【相关内容】

本节专利技术提出了一种使用舍入指令,完成指定小数位宽的浮点舍入操作,即舍入操作的源操作数和目的操作数都为浮点数。

一个浮点数在处理器中表示如下:

$$X = (-1)^{符号} \times 2^{指数} \times (有效位数)$$

例如, 一个二进制数为 101.011, 使用浮点表示为 1.01011×2^2, 即

$$(-1)^0 \times 2^2 \times (1.01011)$$

指定数据精度的浮点舍入操作是将有效位数的小数部分按照指定位宽和指定模式进行截断。操作方法如下:接收一条浮点舍入指令,该浮点舍入指令指明一个或多个浮点操作数的来源、要进行浮点舍入操作的数据元素小数点后的小数部分数据位数,以及目的操作数的存储位置。而舍入操作的结果包括了与源操作数位置对应的、按照指令要求的小数位宽完成舍入操作的目的操作数。

图 10.62 为指定数据精度的浮点舍入操作示例。该舍入操作同时对源操作数的一个或多个数据元素进行舍入,并产生同样数量的、指定小数位宽的舍入结果,即目的操作数。而需要舍入的小数部分位宽由所接收的指令指定。

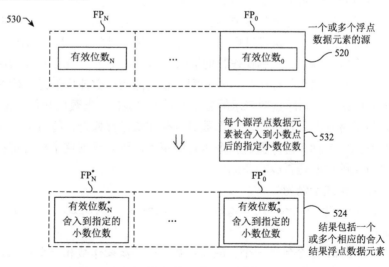

图 10.62 指定数据精度的浮点舍入操作示例

10.21　十进制浮点数分解指令

传统的二进制浮点数无法精确地表示所有十进制小数，使用二进制浮点数运算会造成舍入误差的传播。十进制整数的二进制表示（binary-integer decimal，BID）是一种十进制浮点数表示标准，它用三个分量（尾数位、指数位和符号位）来精确地表示十进制小数。要想提取 BID 中的三个分量，传统的做法是使用一段软件程序实现。本节专利技术提出一种十进制浮点数分解指令，可以加速 BID 三个分量的提取。

【相关专利】

US9170772（Method and apparatus for decimal floating-point data logical extraction，2011 年 12 月 23 日申请，预计 2032 年 11 月 15 日失效，中国同族专利 CN 104137058 B）

【相关指令】

BIDSplit 类指令，包括 BID32SplitD、BID64SplitD、BID128SplitDQ 和 VTBID128Split。手册未公开相关指令。

【相关内容】

本节专利技术提出了十进制浮点数分解指令、执行指令的方法和系统。

十进制浮点数分解指令 BIDSplit 可以完成对 BID 三个分量（尾数位、指数位和符号位）的提取。执行过程如下：首先根据控制操作数检查源操作数中 BID 十进制浮点数的编码。控制操作数的取值表示一种特定的 BID 编码策略。如果 BID 十进制浮点数编码与控制操作数匹配，表明源操作数使用的是正确的编码策略。此时，BID 十进制浮点数表示的各个分量（尾数位、指数位和符号位）将被取出，存入目的寄存器。根据控制操作数对源操作数进行检查，检查的结果（真或假）将被写入一个标志寄存器。指令执行结束后，可以根据这个标志寄存器的值判断各个分量的抽取是否成功完成。

指令格式示例为

`BID64Split reg1,reg2/mem64,imm8` 或 `VTBID128Split ymm1,ymm2,imm8`

BIDSplit 指令包含一个目的操作数、一个源操作数和一个控制操作数。目的操作数是一个寄存器，源操作数可以是寄存器也可以是内存单元，控制操作数可以是寄存器也可以是立即数。BID64Split 指令执行流程图如图 10.63 所示。

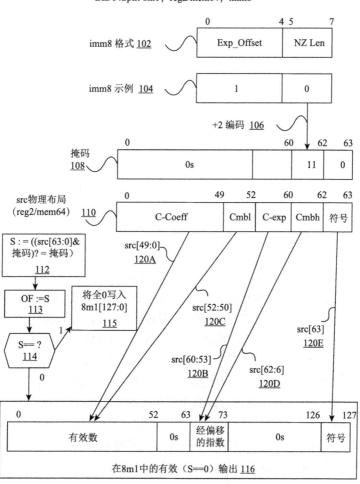

图 10.63 BID64Split 指令执行流程图

10.22 二维聚集指令

多媒体处理算法经常需要处理图像数据，这些数据具有规整的二维结构并排列在内存的一个二维区域里。由于传统的聚集操作使用 vgather 指令将整块的加载转换成加载 16 个位于不同偏移处的数据，所以图像的二维结构就丢失了。本节专利技术提出的二维聚集（2D gather）指令可以在加载数据时保持图像的二维结构。这样聚集到的数据将具有二维局部性，并保存在特殊的二维高速缓存中。二维高速缓存使用特殊的高速缓存填充策略以充分地利用数据的二维局部性，从而使得数据在加载与访问时具备更高的性能和更低的时延。

【相关专利】

US9001138（A 2D gather instruction and a 2D cache，2011 年 8 月 29 日申请，已失效，中国同族专利 CN 103765378 B）

【相关指令】

2D gather，手册未公开相关指令。

【相关内容】

本节专利技术详细地说明了二维聚集操作的方法、电路和指令，也介绍了二维高速缓存的结构及其填充和查找操作。

二维聚集指令如下：

```
zmm1=2D gather 16(pImage,rowWidth,blockX,
    blockY,blockW,blockH,strideX,strideY);
```

pImage 表示指向图像数据的指针，rowWidth 表示一行内的元素个数，block$X$ 和 block$Y$ 表示图像数据块左上角的 X、Y 坐标，block$W$ 和 block$H$ 表示数据块的行数和列数，stride$X$ 表示水平方向的步长，stride$Y$ 表示垂直方向的步长。

二维聚集指令将数据加载到二维高速缓存中。当程序访问图像中的像素 (X, Y) 时，(X, Y) 周围的其他像素将很有可能在短时间内被重复地访问，这一特性称为二维局部性。二维高速缓存可以充分地利用图像数据中的二维局部性。二维高速缓存结构如图 10.64 所示，其主体由多个组（Set）和路（Way）组合而成。二维高速缓存由访问逻辑、控制逻辑和以行（路）列（组）形式排列的多个存储块组成。访问逻辑和控制逻辑用于支持二维高速缓存的填充与查询操作。

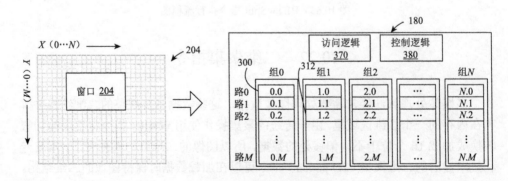

图 10.64　二维高速缓存结构

二维高速缓存的填充策略用于将内存中的图像信息装入高速缓存中。内存中的一个二维窗口 W（图像数据的一部分）将会映射到二维高速缓存中，并且要避免与高速缓存中其他数据发生冲突。像素（X，Y）按照图 10.65 所示的规则映射到高速缓存的组和路中，其中 mod 表示取余数操作。

Set = X mod Num_of_Sets

Way = Y mod Num_of_Ways

图 10.65　高速缓存填充操作
映射规则

图 10.66 为二维聚集操作高速缓存填充操作相关的电路。地址生成单元产生地址，其全部或部分比特位将被送入异或门作为第一个输入数据。各组中的标签也将被送入异或门作为第二个输入数据。如果每组标签能够与生成的地址匹配，异或门将输出值 1。如果所有异或门都输出 1，那么与门也输出 1，表示对应的多个存储块（多个组）可以用于保存图像信息。

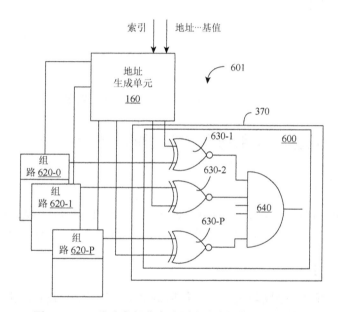

图 10.66　二维聚集操作高速缓存填充操作相关的电路

二维高速缓存查询操作可以分为两个任务：①找到包含正确数据的高速缓存位置；②排列数据使其与二维聚集指令所需的数据顺序一致。图 10.67 为高速缓存查询操作相关的电路图。对高速缓存中数据的查询通过组号和列号进行。输入组号和列号后，高速缓存中对应的存储块检查其中标签，若标签匹配，则说明所找的数据在高速缓存中，将其取出，否则，说明数据不在高速缓存中或已被替换掉。在找到了存储图像数据的存储块后，读出其中的图像信息并将其传送给读写逻辑和重排单元。读写逻辑负责读取高速缓存存储块中的标签，判断存储块中保存的数据是否有效，并读出有效数据。重排单元负责将读出的有效数据重新排序，使其符合二维聚集指令的要求。

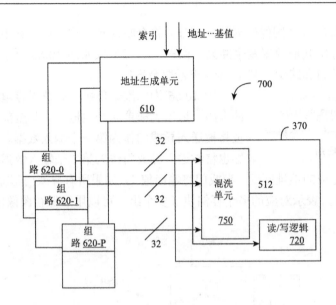

图 10.67　高速缓存查询操作相关的电路图

10.23　使用掩码寄存器的条件跳转指令

【相关专利】

US20120254593（Systems，apparatuses，and methods for jumps using a mask register，2011 年 4 月 1 日申请，已失效，中国同族专利 CN 103718157 B）

【相关指令】

包含掩码寄存器的跳转类指令，包括 JKZD、JKNZD、JKOD 和 JKNOD。手册未公开相关指令。

【相关内容】

分支指令和跳转指令可以用来完成程序执行过程中控制流的改变。分支指令完成的通常是相对于当前程序计数器的短跳转，而跳转指令跳转到的位置通常与当前程序计数器的值无关。条件跳转指令通常根据两个操作数的相对大小来决定是否跳转。在 SIMD 操作中，两个向量比较大小的结果通常保存在写掩码中。若此时想根据写掩码的值决定是否跳转，必须先对写掩码进行逻辑操作，使得处理器标志寄存器的值发生变化，然后才能使用传统的条件跳转指令。因此，在 SIMD 操作中使用条件跳转就需要两条指令。本节专利技术提出的使用掩码寄存器的条件跳转指令可以只用一条指令就完成 SIMD 操作中的条件跳转。

本节专利技术提出了使用掩码寄存器的条件跳转指令、操作和实现方法。该跳转指令的最大特点是根据写掩码来判断附近跳转是否应该执行，其中掩码的每个位和控制流信息的一个紧缩元素的循环迭代相关联。

四种使用掩码寄存器的条件跳转指令 JKZD、JKNZD、JKOD 和 JKNOD 的指令格式示例如下所示，当写掩码寄存器

（1）为 0 时：JKZD k1，rel8/32。

（2）不为 0 时：JKNZD k1，rel8/32。

（3）所有比特均为 1 时：JKOD k1，rel8/32。

（4）不全为 1 时：JKNOD k1，rel8/32。

式中，k1 是写掩码操作数；rel8/32 是 8 位或 32 位的立即数。当写掩码值达到指令条件时，跳转至目标指令的地址，其中目标指令的地址是使用指令指针和相对偏移来计算的。相对偏移（rel8、rel16 或 rel32）一般被规定为汇编代码中的标签，但在机器代码层面，它可以被编码为带符号的 8 位或 32 位立即数，该 8 位或 32 位立即数被加至指令指针。

四种指令执行流程类似，区别主要在跳转条件上。以写掩码为 0 时执行跳转 JKZD 指令的执行流程为例（图 10.68）。当掩码寄存器中有 1 时，跳转条件不满

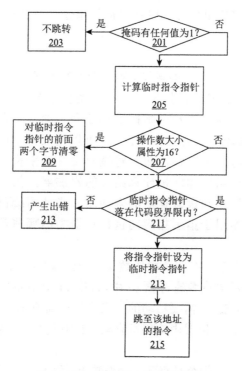

图 10.68　JKZD 指令的执行流程

足，不跳转。当掩码寄存器中所有比特均为 0 时，跳转条件满足，计算新的指令地址，并用新指令地址替代旧指令地址，完成跳转。另外指令不支持远跳转，因此流程包括半段指针是否落在代码段界限内，具体是判断操作数大小是不是 16 位（211）。若不是，则产生出错并且不执行跳转（213）。

10.24　掩码向量移动指令和掩码更新指令 加速稀疏向量递归运算

【相关专利】

（1）US9378182（Vector move instruction controlled by read and write masks，2012 年 9 月 28 日申请，预计 2034 年 2 月 18 日失效，中国同族专利 CN 104603746 B）

（2）US9400650（Read and write masks update instruction for vectorization of recursive computations over interdependent data，2012 年 9 月 28 日申请，已失效，中国同族专利 CN 104603745 B、CN109062608 A）

【相关指令】

RWMASKUPDATE 和 SPARSEMOV 向量指令。手册未公开相关指令。

【相关内容】

本节专利技术提出了用于提高若干独立向量数据元素进行递归方式操作的效率的指令、寄存器和方法。该技术引入了两条新指令组合 RWMASKUPDATE 和 SPARSEMOV，分别用来更新掩码寄存器和在向量寄存器之间移动数据元素（用若干稀疏向量填充寄存器，以便后续可以完成完整向量上的递归计算）。该指令组合利用一对向量寄存器和一对掩码寄存器来执行递归向量计算，其中第一向量寄存器充当累加向量计算结果的累加器，第二向量寄存器提供新的数据元素以填充第一向量寄存器的未利用、未使用或已完成递归的数据元素位置。掩码寄存器用于指示相应向量寄存器中的哪些数据元素需要进一步的计算。

SPARSEMOV 指令具有四个操作数 k1、v1、k2 和 v2，用于将源数据元素从向量寄存器 v2 移动到向量寄存器 v1 中，替换 v1 中不满足条件的目标元素（如不需要更多计算的元素）。需要移动的元素由掩码寄存器 k2 中具有某一值（如 1）的掩码位决定，目标位置由掩码寄存器 k1 中具有某一值（如 0）的掩码位决定。

RWMASKUPDATE 指令具有两个操作数 k1 和 k2，用于更新掩码寄存器 k1

和 k2，以分别标识 v1 和 v2 中满足条件的数据元素。指令具体执行的是反转 k1
和 k2 中给定数量的掩码位。

图 10.69 是掩码更新指令和向量移动指令应用与多向量迭代流程图。

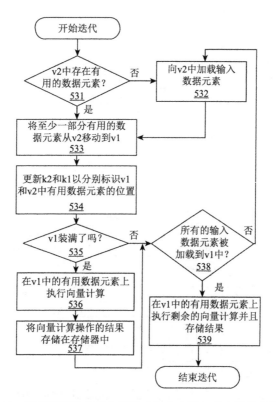

图 10.69　掩码更新指令和向量移动指令应用与多向量迭代流程图

以图 10.70 为例说明两指令操作的应用。每个向量寄存器含 8 个数据元素，将向
量寄存器 v1 作为累加器，v2 用于向 v1 提供新的数据元素。掩码寄存器 k1（写掩码）
与 k2（读掩码）分别用于掩码 v1 和 v2。k1 中 1 指示元素需要下一步计算，同时 0
指示不需要。A 和 B 表示稀疏向量，下标表示向量中的这个元素所经过的迭代数量。

假设需要完成稀疏向量 A、B 和 C 的循环迭代，其中 A 为 1 次，B 为 2 次，C
为大于 2 次。初始态时，A 和 B 已经填满累加器 v1。并且 k1 设置为全 1，表示
v1 被填满且每个元素参与向量计算的第一次迭代。

经过第一次迭代（箭头 310），v1 包含元素下标全变为 1，表示元素已经完成
第一次迭代。因为 A 已经完成计算，k1 中其对应掩码位值被设置成 0；B 还需要
计算，因此 k1 中其对应掩码位值不变，即为 1。此时，v1 中 A 被保存到其他存
储中或丢弃。

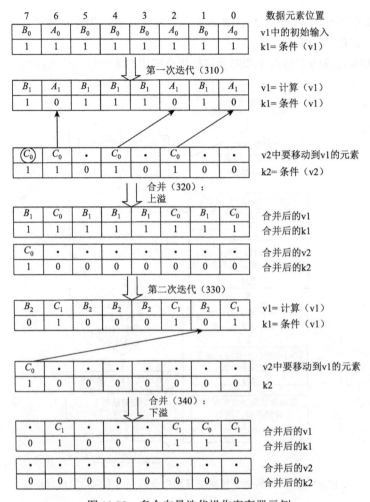

图 10.70　多个向量迭代操作寄存器示例

　　下一步，需要合并 v2 中的 C 到 v1 中 A 空出的数据位。由于需要合并的 C 和移出的 A 的数据元素数量相比可能会多、少或正好相等，因此对应分成上溢、下溢和精确匹配三种情况处理：①当精确匹配时，v2 中的 C 全部移动到 v1 中 A 的位置，此时，v1 向量被填满，并且 k1 被更新为全 1；v2 无剩余元素，k2 更新为全 0。②当上溢时，情况如图 10.70 中所示，高阶圈出的 C_0 被剩余在 v2。其他移动到 v1 中，操作同时更新 k1 和 k2 对应掩码位。经过第二次迭代，累加器 v1 包含 B_2 和 C_1 的组合。因为 B 已经完成所需计算，被保存到其他存储中或丢弃，k1 中其对应掩码位值被设置成 0。C_1 还需要计算，因此 k1 中其对应掩码位值不变，仍为 1。被移出的 B 的数据位需要被 v2 中剩余的 C_0 填充。由于 C_0 数量比 B 数量少，且没有其他迭代计算向量需要移入，此时发生③下溢，v1 中的低阶 B 对应位

置被 C_0 填充。此时，k2 被更新为全 0，k1 中 C_0 对应掩码位更新为 1。v1 通过多次迭代直至 C 所需迭代次数完成。

10.25　用户级线程的即时上下文切换状态交换指令

【相关专利】

US20140095847（Instruction and highly efficient micro-architecture to enable instant context switch for user-level threading，2012 年 9 月 28 日申请，已失效，中国同族专利 CN 104603795 B）

【相关指令】

状态交换类指令如 SXCHG、SXCHGL 及它们的变型的集合，具体操作见"相关内容"。手册未公开相关指令。

【相关内容】

处理器核通常支持多线程以提高性能效率。已有两种多线程方式：一是同时多线程（simultaneous multi-threading，SMT），增加 SMT 的数量是复杂、代价高且易出错的；二是实现由应用软件管理的多个用户级线程——纤程（fiber），由于纤程切换需要保存、恢复分支操作等，获得的性能提升有限。本节专利技术提出了一种无须操作系统介入的"硬件支持的纤程（hardware supported fiber，也称为hiber）"状态交换类指令及微架构支持。

使用这些状态交换指令执行处理器用户级线程之间的即时切换几乎零循环损失，指令使软件通过在用户模式寄存器的 N 个区块中保存和恢复寄存器内容而能够在 N 个 hiber 之间迅速地切换。该类指令包括：

（1）SXCHG（I，J）（其中源 I 指示 hiber[I]的上下文被保存到存储器中，目的地 J 指示恢复 hiber[J]的上下文并从存储器清除）、SXCHG（无操作数）、SXCHG.u（无条件 SXCHG）、SXCHG.c（条件 SXCHG）及＜SXCHG.start—SXCHG.end＞（块SXCHG）。

（2）SXCHGL（SXCHG 的轻量版本，响应于该指令，处理器不保存和恢复存储器中的 hiber 上下文）与 SXCHG 变形指令对应的变形 SXCHGL.u、SXCHGL.c及＜SXCHGL.start— SXCHGL.end＞。

带扩展寄存器集合和监听电路的指令处理装置如图 10.71 所示。存储器存储多个 hiber 的上下文，其中包括多个 hiber 的寄存器状态。当计算机系统或编译器预测应用中的特定指令可能导致一个 hiber 停止时，一指令被插入该应用中，该指令导致执行单元从一个 hiber 切换至另一个 hiber。为了降低存储器访问的频率，扩展寄存器集作为写回高速缓存，其用于临时地存储 hiber 上下文。为了避免过时的信息访问，装置中使用监听电路来跟踪对其中存储 hiber 上下文的存储器区域的访问。当存储器区域中的任意一个的内容与当前寄存器内容不一致时，就在监听电路中将相应的存储器地址标记为标记区域。当访问标记区域时，触发一个写回事件。扩展寄存器集包含扩展通用寄存器、扩展标志寄存器、扩展指令指针寄存器和多媒体扩展控制及状态寄存器。另外可附加地包括浮点栈寄存器组和向量寄存器，可以为最多四个 hiber 提供关于它们的浮点寄存器状态和/或向量寄存器状态的临时存储。

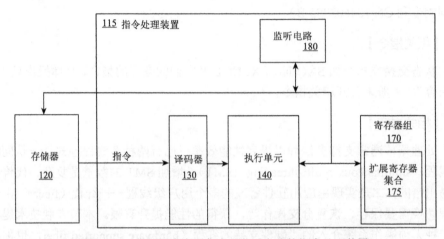

图 10.71　带扩展寄存器集合和监听电路的指令处理装置

SXCHG 指令操作示意图如图 10.72 所示。存储器被配置成四个区域：区域[0]、区域[1]、区域[2]和区域[3]，每个区域用于存储不同 hiber 的上下文，如 hiber[0]、hiber[1]、hiber[2]和 hiber[3]。hiber[0]中可以包含指令 SXCHG（0，2），该指令将寄存器内容保存到由 SMEM[0]指向的区域[0]，并从由 SMEM[2]指向的区域[2]恢复寄存器内容。

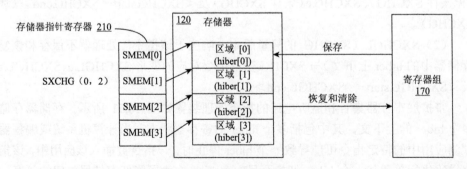

图 10.72　SXCHG 指令操作示意图

SXCHG（无操作数）的指令操作示意图如图 10.73 所示。当前区块寄存器表示当前活动的区块 0。SXCHG 指令执行后，处理器将当前寄存器状态保存到 SMEM[CB] 所指向的存储器 SMEM[0] 中。掩码位预定值为 0，指示相应的 hiber 停用（不切换至该 hiber）。预定值为 1 指示相应的 hiber 活动。在 SXCHG 执行之后，处理器将使用循环等切换至下一活动 hiber，并激活。此例中，处理器从区块 0 切换至区块 2。

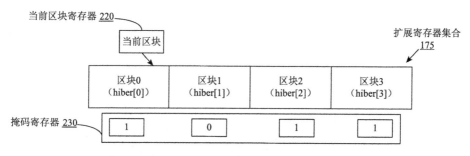

图 10.73　SXCHG（无操作数）的指令操作示意图

SXCHG 类指令其他的变形 SXCHG.u 是导致向下一个 hiber 的无条件切换的指令；SXCHG.c 是基于微架构的运行决策切换到下一个 hiber 的指令，微架构可以确定是否满足执行切换的条件、是否要执行切换、执行切换的执行点；SXCHG.Start 和 SXCHG.end 是一对指令，该对指令标记指令块的边界，在该指令块中，每个指令可以是进行 SXCHG 上下文切换的候选。SXCHG 的轻量版 SXCHGL 及变形指令和以上指令对应类似。

10.26　向量计算和累加指令

【相关专利】

US20140108480（Apparatus and method for vector compute and accumulate，2011 年 12 月 22 日申请，已失效，中国同族专利 CN 104011657 B）

【相关指令】

向量计算和累加指令。手册未公开相关指令。

【相关内容】

许多应用中包含直方图的频率计算（histogram-oriented frequency calculation），本节专利技术提出了改进计算的新指令，针对匹配交叉比较两个向量并返回匹配的计数向量，可以用于消除在现有指令集下原本需要的许多加载、分支和比较操作。

图 10.74 为向量计算和累加指令操作示意图。选择逻辑读存储在第一源 xmm2/m 中的每个值并确定每个值在第二源 xmm3（802）中出现的次数，结果被存储在结果 xmm1 中。为了完成上述功能，选择逻辑中包含：比较单元用于比较两个立即数；顺序器用于在两源中的每个值中顺序操作；计数器用于累加匹配数量。

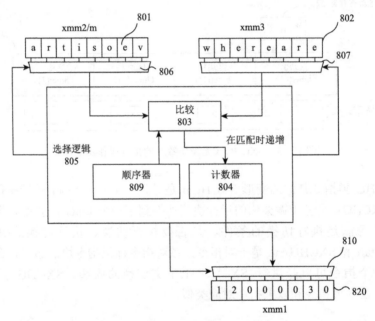

图 10.74　向量计算和累加指令操作示意图

图 10.75 是向量计算和累加执行的流程图。初始时，表示将第一立即数元素编号的 N 和第二立即数元素编号的 M 均置为 1。将元素 N 和元素 M（1 到最大值）逐个比较，每次匹配，则计数值加一。M 到最大值后，N 加 1，重复上述比较步骤，直至 N 为最大值。

10.27　向量紧缩绝对差指令

【相关专利】

US20140082333（Systems, apparatuses, and methods for performing an absolute difference calculation between corresponding packed data elements of two vector registers，2011 年 12 月 22 日申请，已失效，中国同族专利 CN 104126169 B）

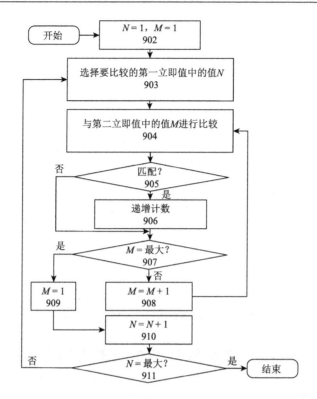

图 10.75　向量计算和累加执行的流程图

【相关指令】

指令 VPABSDIFFB/W/D/Q，其中 B/W/D/Q 分别表示紧缩数据元素为字节、字、双字和四字。手册未公开相关指令。

【相关内容】

本节专利技术提出了一种向量紧缩绝对差指令、计算机执行方法和装置。向量紧缩绝对差指令计算两个源操作数的每对对应位置的紧缩数据元素差的绝对值，如|src1[0]–src2[0]|，并将该绝对差存储到目的寄存器中对应紧缩数据元素位置，如 dest[0]。

向量紧缩绝对差指令的格式示例为

```
VPABSDIFF zmm1,zmm2,zmm3/m512
```

式中，zmm1 是目的向量寄存器，zmm2 和 zmm3 是源向量寄存器，第二源操作数 zmm3/m512 可为寄存器或存储器位置，VPABSDIFF 是操作码，另外可在操

作码中指示数据元素的尺寸 B/W/D/Q。向量紧缩绝对差操作示意图如图 10.76
所示。

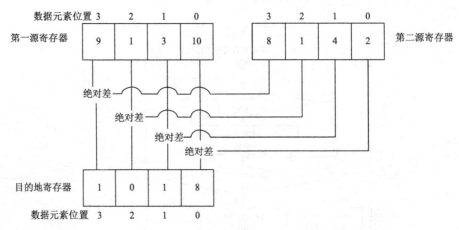

图 10.76　向量紧缩绝对差操作示意图

10.28　确定值是否在范围内的指令

【相关专利】

US9411586（Apparatus and method for an instruction that determines whether a
value is within a range，2011 年 12 月 23 日申请，预计 2033 年 4 月 11 日失效，中
国同族专利 CN 104011659B 和 CN 107168682 B）

【相关指令】

具体指令操作见"相关内容"，手册未公开相关指令。

【相关内容】

本节专利技术涉及确定值是否在范围内的装置、单条指令和执行方法。用于
确定值是否在范围内的指令执行方法如图 10.77 所示。该操作方法接收第一输入
操作数 C（候选值）和第二输入操作数 S（范围）；计算 C−S；确定 C−S 是正还是
负；若 C−S 为负，则结果为 C（若候选值在所述范围以内，则给出表示所述候选
值的量）；若 C−S 为正，则结果为 C−S（若候选值超出所述范围，则给出候选值
超出所述范围多少的量）。指令可以替代代价高的求模算法，简化替换候选计算及
产生位掩码。确定值是否在范围内的指令的执行单元的逻辑设计如图 10.78 所示。

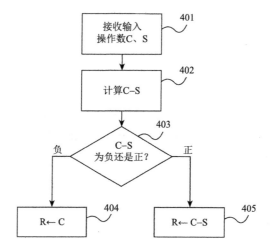

图 10.77　用于确定值是否在范围内的指令执行方法

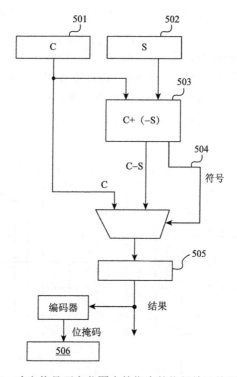

图 10.78　确定值是否在范围内的指令的执行单元的逻辑设计

10.29　单个向量紧缩水平加减指令

【相关专利】

US9619226（Systems，apparatuses，and methods for performing a horizontal add or subtract in response to a single instruction，2011 年 12 月 23 日申请，预计 2033 年 11 月 19 日失效，中国同族专利 CN 103999037 B）

【相关指令】

VPHADDSUB 指令，手册未公开相关指令。

【相关内容】

本节专利技术提出了单条向量指令，该指令操作完成源向量寄存器中每个通道内紧缩数据的水平相加或相减操作，相加或相减由立即数的相应位置的值确定，最后每个通道结果存储在目的寄存器相应数据元素位置。指令格式为

```
VPHADDSUB ymm1,ymm2,imm8
```

式中，ymm1 为目的向量寄存器，ymm2 为源向量寄存器，数据元素的尺寸可以定义在指令前缀中。图 10.79 为 VPHADDSUB 指令操作示例，其中源向量寄存器包含四个通道，且每个通道有 4 个 16 位数据元素，imm4 中每位数据指定每个通道对应的一个数据元素与其他三个数据元素相加或相减。最后存储数据到 4 个 64 位寄存器中。

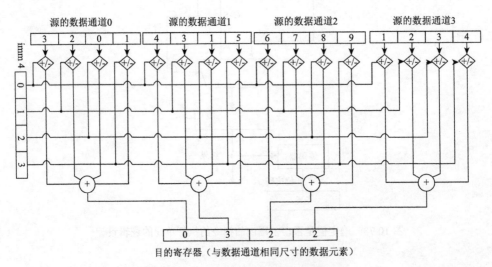

目的寄存器（与数据通道相同尺寸的数据元素）

图 10.79　VPHADDSUB 指令操作示例

10.30　扩展的向量后缀比较指令

【相关专利】

US9268567（Instruction and logic for boyer-moore search of text strings，2012 年 9 月 30 日申请，已失效）

【相关指令】

指令将模式和目标字符串的后缀进行比较，根据立即数字节（imm8）生成掩码或索引。具体的五条指令见"相关内容"。手册未公开相关指令。

【相关内容】

本节专利技术提出一种扩展的向量后缀比较类指令。在仅增加较少的硬件情况下，使用该类指令与 SSE4.2 指令集推出的字符串和文本比较指令（见 6.2.1 节），可以改进 BM 算法的实现，能加速 BM 算法（变形）的模式识别。为 BM 搜索提供的扩展向量后缀比较指令如表 10.2 所示。

表 10.2　为 BM 搜索提供的扩展向量后缀比较指令

指令	源 1	源 2	源 3	源 4	描述
fwd-rev compare	xmm1	xmm2 mem128	imm8		将 xmm1 中的模式的正向和反向字符串后缀与 xmm2 或 128 位内存操作数中的目标字符串进行比较（相同顺序），根据立即数字节 imm8 生成掩码或索引
two-fwd compare	xmm1	ymm1 mem256	imm8		将 ymm1 或 256 位内存操作数中的目标字符串的两个正向字符串后缀与 xmm1 中的模式进行比较（顺序相同），根据立即数字节 imm8 生成掩码或索引
four-fwd compare	xmm1	zmm1 mem512	imm8		将 zmm1 或 512 位内存中的目标字符串的四个正向字符串后缀与 xmm1 中的模式进行比较（顺序相同）。根据立即数字节 imm8 生成掩码或索引
fwd-rev compare	xmm1	zmm1 mem512	imm8		将 xmm1 中的模式的正向和反向字符串后缀与 zmm1 或 512 位内存操作数中的目标字符串进行比较（相同顺序），根据立即数字节 imm8 生成掩码或索引
two-fwd compare	xmm1	xmm2	imm8	xmm3 mem128	将 xmm2 和 xmm3 或 128 位内存操作数中的目标字符串的两个正向字符串后缀与 xmm1 中的模式进行比较（顺序相同），根据立即数字节 imm8 生成掩码或索引

扩展的向量后缀比较指令指定了一个模式源操作数（源 1）、一个目标源操作数（源 2）和一个立即数（源 3），其中模式源操作数用于指定一个存储了 m 个数据元素的向量寄存器。指令经译码器译码后，将模式源操作数每个数据元素和目标源操作数中的每个数据元素进行比较，根据模式源操作数中 m 个数据元素执行两次相等有序聚合操作，并存储两次操作的结果，结果用于指示模式源和目标源是否匹配。

10.31　向量压缩和解压缩算法相关指令

本节包括可以应用于向量压缩的三种算法的指令相关专利技术，分别是一元编码（unary encoding）、增量编码（delta encoding）和行程长度编码（run-length encoding，RLE）。

10.31.1　向量紧缩一元解码指令

一元编码代替存储每个值，可以存储该值与先前数据集之间的差异。一元编码每个值被如下编码：

$$0\text{->}1;1\text{->}10;2\text{->}100;3\text{->}1000$$

一元解码是上述一元编码的逆操作，即

$$1\text{->}0;10\text{->}1;100\text{->}2;1000\text{->}3$$

【相关专利】

US20130326196（Systems，apparatuses，and methods for performing vector packed unary decoding using masks，2011 年 12 月 23 日申请，已失效，中国同族专利 CN 104025023 A）

【相关指令】

VPUNARYDECODE 指令，手册未公开相关指令。

【相关内容】

本节专利技术提出了一种向量紧缩一元解码指令、执行方法和装置。执行该指令每个一元编码值被存储在目的寄存器的数据元素位置中。向量紧缩一元解码指令格式为

```
VPUNARYDECODE r1,k1
```

式中，k1 是源操作数，可以是写掩码寄存器或存储位置；r1 是目的操作数向量寄存器。

图 10.80 和图 10.81 分别是 VPUNARYDECODE 指令操作示意图和

VPUNARYDECODE 指令部分流程图。源掩码寄存器是 16 位，解码后得到 7 个一元解码值。根据解码规则，由两个最低有效位源[1:0]的值 10 解码成第一个一元解码值 1；源[3:2]的值 10 解码成第二个一元解码值 1；源[4]的值 1 解码成第三个一元解码值 0。以此类推，掩码寄存器中一元解码的边界是 1 起始并尾随有 0 个

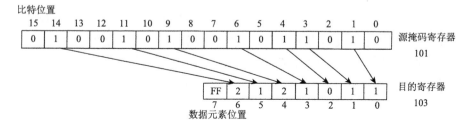

图 10.80　VPUNARYDECODE 指令操作示意图

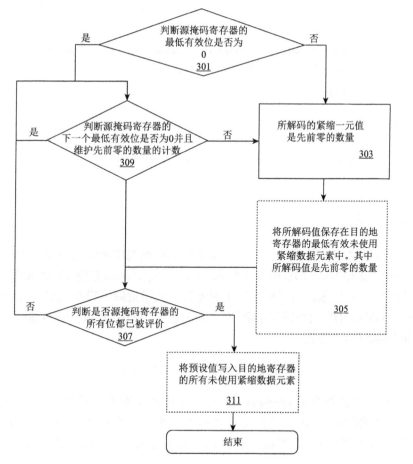

图 10.81　VPUNARYDECODE 指令部分流程图

或多个 0 值。源[15]值为 0，由于不存在高于它的 1 值，因此不存在一元解码值。未存储一元解码值的紧缩数据元素位置，写入全 1。

10.31.2　向量紧缩增量编码和解码指令

增量编码常用于压缩算法，并减少编码经排序数据集所需的位数。代替存储每个值，可以存储该值与先前数据集之间的差异。如果初始数据 $I = [0, 2, 5, 6, 10, \cdots]$，则经过增量编码的版本 $D = [0, 2, 3, 1, 4, \cdots]$。增量解码则将含有各个值和先前值的差异的阵列作为源，执行逆操作，并返回含有原始值的阵列。

【相关专利】

（1）US9465612（Systems, apparatuses, and methods for performing delta encoding on packed data elements，2011 年 12 月 28 日申请，预计 2032 年 6 月 26 日失效，中国同族专利 CN 104025025 B）

（2）US9557998（Systems, apparatuses, and methods for performing delta decoding on packed data elements，2011 年 12 月 28 日申请，预计 2033 年 12 月 22 日失效，中国同族专利 CN 104040482 B）

【相关指令】

增量编码 VPDELTAENCODE 指令和增量解码 VPDELTADECODE 指令，手册未公开相关指令。

【相关内容】

US9465612 专利技术提出了单条用于紧缩数据的增量编码指令、执行方法和装置，VPDELTAENCODE 指令操作示意图和指令流程图见图 10.82 和图 10.83；US9557998 专利技术提出了单条用于紧缩数据的增量解码指令、执行方法和装置，VPDELTADECODE 指令操作示意图和指令流程图见图 10.84、图 10.85。

增量编码指令格式为

```
VPDELTAENCODE r1, r2
```

式中，r1 是目的操作数寄存器；r2 是源操作数寄存器。执行增量编码指令从源的当前紧缩数据元素中减去在它之前的一个紧缩数据元素，对源紧缩数据元素逐个执行增量编码，并将结果存储在目的向量寄存器的相应紧缩数据元素位置中。

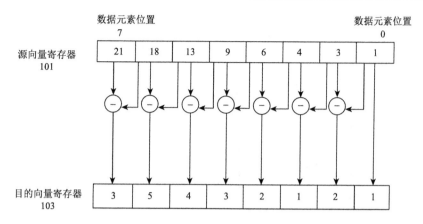

图 10.82　VPDELTAENCODE 指令操作示意图

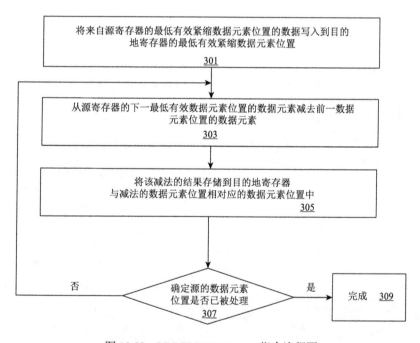

图 10.83　VPDELTAENCODE 指令流程图

增量解码指令格式为

VPDELTADECODE r1,r2

式中，r1 是目的操作数寄存器；r2 是源操作数寄存器。指令通过将源中的当前元素加上源中从数据元素 0 开始的所有在前元素，在源数据元素上执行增量解码。以上加法中每一个的和被存储在目的寄存器的对应数据元素位置中。

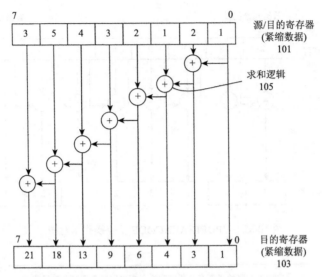

图 10.84　VPDELTADECODE 指令操作示意图

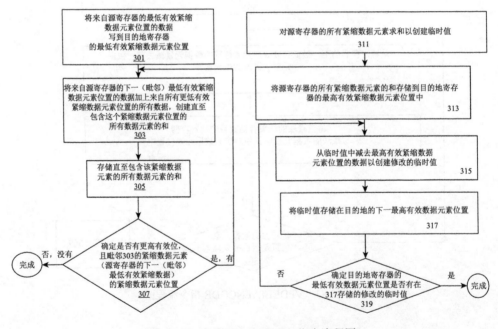

图 10.85　VPDELTADECODE 指令流程图

　　如图 10.85 所示，增量解码可以通过加法或减法操作执行。简单来说由源操作数得到目的操作数下一数据元素值，加法是下一个毗邻最低有效位数据元素加所有更低有效位数据元素和；减法先计算所有数据元素和，再从中减去所有较高有效位的值。

10.31.3　向量行程长度解码指令和逻辑实现

基于行程长度编码是一种无损数据压缩，当数据流中的数据序列包含一个或多个连续数据值集合时对这些数据序列进行压缩。压缩数据不存储连续数据值集合中的每个数据元素，而是存储一对连续的数据元素，第一个数据元素是该数据元素值（value），第二个数据元素是连续出现的该值的计数（run length）。这种压缩形式对包含许多这种行程（run）的数据最有用。例如，如果频繁出现数字 0，可以压缩和解压这些 0。

【相关专利】

（1）US10241792（Vector frequency expand instruction，2011 年 12 月 30 日申请，预计 2034 年 11 月 26 日失效，中国同族专利 CN 104137061 B）

（2）US9575757（Efficient zero-based decompression，2011 年 12 月 30 日申请，预计 2034 年 1 月 4 日失效，中国同族专利 CN 104094221 B）

【相关指令】

VFREQEXPAND 指令，手册未公开相关指令。

【相关内容】

US10241792 专利技术提出了实现行程长度编码（run-length encoding，RLE）的向量频率扩展指令 VFREQEXPAND、处理器核和执行方法。US9575757 专利技术提出了改进的基于 0 的行程长度编码的向量解压缩操作的硬件解码单元、执行单元和执行方法。

VFREQEXPAND 指令格式为

```
VFREQEXPAND dest,{mask},src,imm
```

向量频率扩展指令包括目的操作数和源操作数向量寄存器、立即数和掩码。其中立即数指定被扩展值。指令执行，将源操作数中由立即数指定的被扩展值按照该值后的长度计数进行扩展，并存储结果到目的操作数中。向量掩码指定哪些数据元素与要被扩展的值匹配及哪些数据元素与要被扩展的值不匹配。

图 10.86 为 VFREQEXPAND 指令操作示意图。指令 100 的被扩展值为 0，指令 200 的被扩展值为 35，其中掩码位为 0 表示源数据对应位和被扩展值相匹配，为 1 表示不匹配。VFREQEXPAND 指令执行流程图见图 10.87。

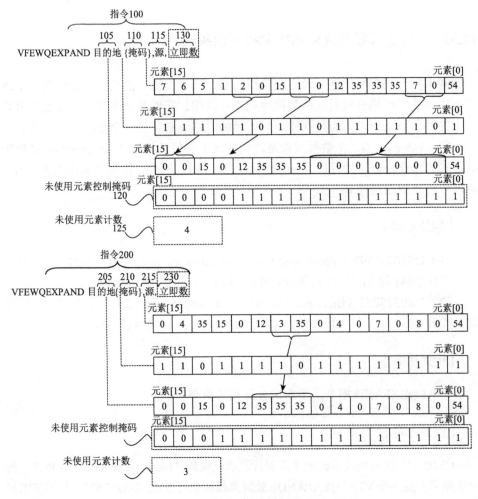

图 10.86　VFREQEXPAND 指令操作示意图

　　由于源操作数被扩展存放在目的操作数，所以目的操作数长度和源操作数可能不同，可能出现以下几种情况。

　　（1）源向量尚未被完全扩展（或未使用），目的寄存器已经被使用完了。因此需要另一个掩码，如控制掩码，用 0 指示源操作数中未使用的元素。

　　（2）当压缩值的行程长度为 1 时，源向量的长度可能会大于目的寄存器的长度，造成目的寄存器的部分高位未被使用。当扩展这类源向量时，可以从前一个目的寄存器的未使用位开始存储下一扩展指令的扩展值。

　　（3）源向量最后一位为被压缩值。该情况下该被压缩值的行程长度不在寄存器中，会引发异常。软件可生成从前一迭代中的该单一压缩值处开始的第二向量频率扩展指令，或者可用标量指令读取压缩值的数量并插入到软件中。

图 10.87　VFREQEXPAND 指令执行流程图

　　US9575757 专利技术对基于零的行程长度解码的现有技术进行了改进。基于零的行程长度解码流程图（现有技术）如图 10.88 所示，由于是高度迭代的，因为涉及对输入流的数据元素逐一评估，再输出非零值、零值和零值计数对的数据流，因此只能是由标量实现的，比较低效。

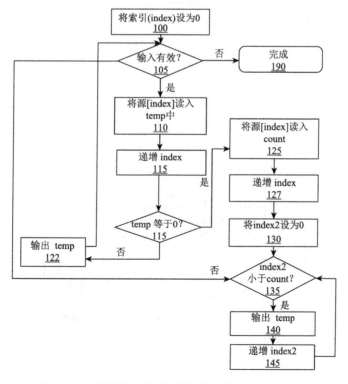

图 10.88　基于零的行程长度解码流程图（现有技术）

　　US9575757 专利提出的技术是基于向量指令集架构的，可以利用简单的移位和经掩码移动来更高效地解压缩 RLE 数据。基于零的行程长度高效解码流程图和基于零的行程长度高效解码示例见图 10.89 和图 10.90。

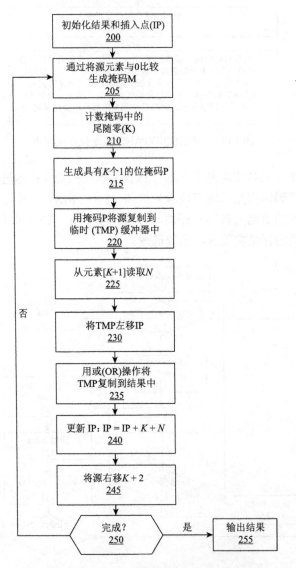

图 10.89　基于零的行程长度高效解码流程图

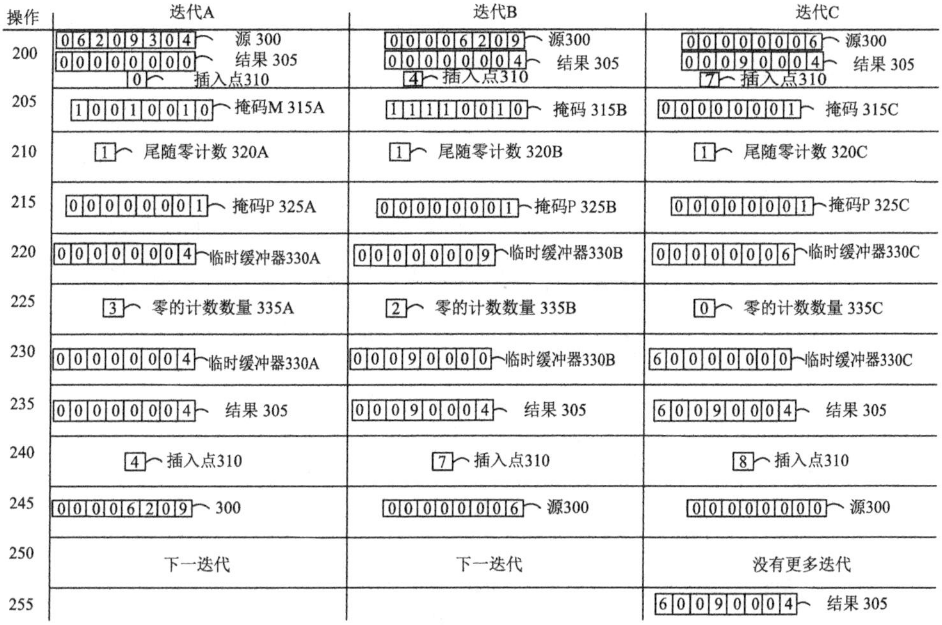

操作	迭代A	迭代B	迭代C
200	0 6 2 0 9 3 0 4 源300 0 0 0 0 0 0 0 0 结果305 0 插入点310	0 0 0 0 6 2 0 9 源300 0 0 0 0 0 0 0 0 结果305 4 插入点310	0 0 0 0 0 0 0 6 源300 0 0 0 9 0 0 0 4 结果305 7 插入点310
205	1 0 0 1 0 0 1 0 掩码M 315A	1 1 1 1 0 0 1 0 掩码 315B	0 0 0 0 0 0 0 1 掩码 315C
210	1 尾随零计数 320A	1 尾随零计数 320B	1 尾随零计数 320C
215	0 0 0 0 0 0 0 1 掩码P 325A	0 0 0 0 0 0 0 1 掩码P 325B	0 0 0 0 0 0 0 1 掩码P 325C
220	0 0 0 0 0 0 0 4 临时缓冲器330A	0 0 0 0 0 0 0 9 临时缓冲器330B	0 0 0 0 0 0 0 6 临时缓冲器330C
225	3 零的计数数量 335A	2 零的计数数量 335B	0 零的计数数量 335C
230	0 0 0 0 0 0 0 4 临时缓冲器330A	0 0 0 9 0 0 0 0 临时缓冲器330B	6 0 0 0 0 0 0 0 临时缓冲器330C
235	0 0 0 0 0 0 0 4 结果305	0 0 0 9 0 0 0 4 结果305	6 0 0 9 0 0 0 4 结果305
240	4 插入点310	7 插入点310	8 插入点310
245	0 0 0 0 6 2 0 9 300	0 0 0 0 0 0 0 6 源300	0 0 0 0 0 0 0 0 源300
250	下一迭代	下一迭代	没有更多迭代
255			6 0 0 9 0 0 0 4 结果305

图 10.90　基于零的行程长度高效解码示例

10.32　向量紧缩压缩和重复指令

【相关专利】

US9870338（Systems，apparatuses，and methods for performing vector packed compression and repeat，2011 年 12 月 23 日申请，预计 2034 年 1 月 28 日失效，中国同族专利 CN 104011648 B）

【相关指令】

VPCOMPRESSN 指令，手册未公开相关指令。

【相关内容】

本节专利技术提出了一种向量紧缩压缩和重复指令、执行方法和装置。指令格式为

```
VPCOMPRESSN dest,src1,src2
```

式中，dest、src1 和 src2 是向量寄存器，src1 和 src2 分别是第一源操作数和第二源操作数，dest 是目的操作数。第二源寄存器某个位置的数据元素用于确定第一源寄存器对应位置的紧缩数据将被写入目的向量寄存器的未使用的最低有效紧缩数据元素位置的次数。其中，如果第二源寄存器某个位置的数据元素为 0，第一

源寄存器对应位置的数据元素将不被存储到目的寄存器中。图 10.91 和图 10.92
分别为 VPCOMPRESSN 指令操作示意图和指令执行部分流程图，该指令特别适
用于受限的顺序不变的置换操作。

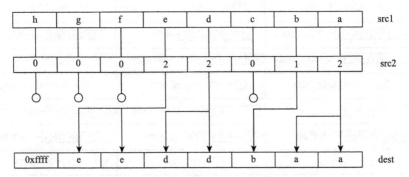

图 10.91 VPCOMPRESSN 指令操作示意图

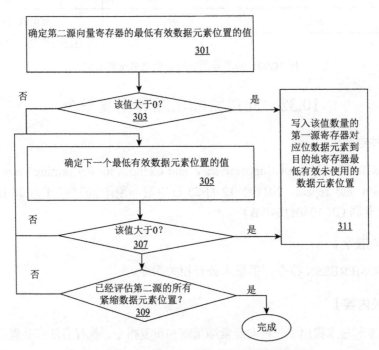

图 10.92 VPCOMPRESSN 指令执行部分流程图

10.33 选择元素指令

【相关专利】

US20130332701（Apparatus and method for selecting elements of a vector computation，2011 年 12 月 23 日申请，已失效，中国同族专利 CN 104137052 A）

【相关指令】

vSelect 指令，手册未公开相关指令。

【相关内容】

SIMD 架构依靠循环的向量化来加速程序的执行。在通用应用和系统软件包含的循环中，循环内计算的变量通常在循环外存活，因此需要将来自最后迭代的变量的值作为外部存活值传递。特别是在具有断言支持的 SIMD 架构中，提取来自最后迭代的变量值非常重要。本节专利技术提出的选择元素指令 vSelect 可以应用于实现从向量中提取指定元素的操作。

选择元素指令格式为 vSelect dest,v1,k2,imm2

该指令在向量 v1 的有效元素中选择指定位置的元素存入标量目的寄存器 dest。k2 为长度与 v1 的元素个数相同的向量，用于指定哪些元素是有效的。imm2 为立即数，用于指定从哪个位置选择元素。vSelect 共包括 4 条指令 vSelect[BWDQ]，标识符[BWDQ]表示不同的向量元素宽度。

选择元素指令支持选择第一有效元素（first）、最后有效元素（last）或最后有效元素的下一个元素（last_next）到目的寄存器中。图 10.93 为选择元素指令的操作示例。示例中，k2 中相应位置为 "1" 的输入向量元素被视为有效元素，有效元素可以由不连续的几段元素组成。当立即数取值为 first 时，选择元素指令选择第一个有效元素，如果没有有效元素，则选择第一个元素。当立即数取值为 last 时，选择元素指令选择最后一个有效元素，如果没有有效元素，则选最后一个元素。当立即数取值为 last_next 时，选择元素指令选择最后一个有效元素的下一个元素。如果最后一个有效元素已经是输入向量的最后一个元素或者没有有效元素，那么选择第一个元素。

vSelectD r, z, k2, first

　　输入：k2:0000 **1111 1**000 0000

　　　　　z: 0123 **4**567 89ab cdef

　　输出：r: 4

　　输入：k2: 0000 0000 0000 0000

　　　　　z: **0**123 4567 89ab cdef

　　输出：r: 0

vSelectD r, z, k2, last

　　输入：k2:0000 1111 **1**000 0000

　　　　　z: 0123 4567 **8**9ab cdef

　　输出：r: 8

输入： k2: 0000 0000 0000 0000

z: 0123 4567 89ab cde**f**

输出： r: f

vSelectD r, z, k2, last_next

输入： k2: 0000 1111 **1**000 0000

z: 0123 4567 **8**9ab cdef

输出： r: 9

输入： k2: 0000 0011 0000 1111

z: **0**123 4567 89ab cdef

输出： r: 0

输入： k2: 0000 0000 0000 0000

z: **0**123 4567 89ab cdef

输出： r: 0

图 10.93　选择元素指令的操作示例

图 10.94 为选择元素指令执行单元的逻辑框图。立即数 imm2 提供选择位置，并在序列发生器的控制下遍历掩码寄存器 k2 的每一比特，直到选择逻辑找到对应于选择位置的向量元素下标。最终，根据找到的下标从向量寄存器 v1 中取出对应的元素，存入目的寄存器。

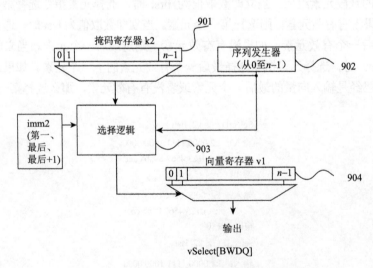

图 10.94　选择元素指令执行单元的逻辑框图

10.34　依赖向量生成指令

【相关专利】

US9354881（Systems，apparatuses，and methods for generating a dependency vector based on two source writemask registers，2011 年 12 月 27 日申请，已失效，中国同族专利 CN 104126171 B）

【相关指令】

ConditionPairStop 依赖向量生成指令，手册未公开相关指令。

【相关内容】

编译器可以通过将循环向量化的方法来优化程序，但现有技术不支持将存在交叉迭代数据依赖关系的循环向量化。编译器必须使用特定的指令检测数据依赖，在检测到依赖关系的迭代处将向量断开，通过多组内部没有数据依赖关系的向量完成循环的执行。由于可以通过一次向量计算完成的循环被分解成多次向量计算，所以程序性能将受到影响。本节专利技术提出生成依赖向量的指令，可以将存在交叉迭代数据依赖关系的循环通过一次向量计算完成。

依赖向量是可以自动生成的。假设循环计算两个数据 A 和 B，B 的取值依赖于之前迭代中计算出的 A 的值。一次迭代是否更新 A 和 B 的值，取决于控制 A 和 B 的计算的条件是否成立。如果已知计算 A 和 B 的条件在哪几次迭代成立，那么就可以由此推算出循环的依赖向量。若依赖向量的第 n 个元素的取值为 m，则表示循环的第 n 次迭代依赖第 m 次迭代的计算结果。

依赖向量生成指令的指令格式为

ConditionPairStop xmm/ymm/zmm, k1, k2

式中，ConditionPairStop 是操作码；xmm/ymm/zmm 是目的向量寄存器操作数；k1 与 k2 分别是第一源写掩码寄存器操作数和第二源写掩码寄存器操作数。

图 10.95 为 ConditionPairStop 操作的逻辑框图。可见，每个向量都包含 8 个元素，从左到右依次标记比特位为 1～8。k1 记录哪几次迭代更新了数据 B 的值，k2 记录哪几次迭代更新了数据 A 的值。例如，k1[5]为 "1"，表示第 5 次迭代更新了数据 B 的值。由于 k2[1:4]为 1100，说明在第 5 次迭代前，数据 A 最后一次更新是在第 2 次迭代。因此，第 5 次循环的数据 B 依赖第 2 次循环的数据 A，执行依赖向量生成指令，在目的向量寄存器中存储的依赖向量的第 5 个元素值为 2。依赖向量除第 1 个元素永远为 0 外，其他各个元素均按照同样的方法计算。

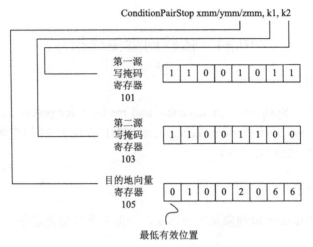

图 10.95　ConditionPairStop 操作的逻辑框图

10.35　多寄存器聚集和分散指令

【相关专利】

（1）US9766887（Multi-register gather instruction，2011 年 12 月 23 日申请，预计 2033 年 2 月 14 日失效，中国同族专利 CN 104040489 B）

（2）US10055225（Multi-register scatter instruction，2011 年 12 月 23 日申请，预计 2033 年 1 月 1 日失效，中国同族专利 CN 104137059 B）

【相关指令】

GatherMultiReg 指令和 ScatterMultiReg 指令，手册未公开相关指令。

【相关内容】

某些指令集架构允许多个向量和标量操作并行完成并更新指令集架构寄存器集。例如，通过向量指令并行地完成一组数据元素的操作，再从结果向量寄存器中把各个数据元素分散给其他的向量寄存器。聚集操作类似。现有技术通过复杂的置换和混洗指令组合序列完成上述分散或聚集操作。随着目的寄存器数量的增加，这种技术将导致更长的指令序列，影响程序性能。US9766887 专利技术提出多寄存器聚集指令，US10055225 专利技术提出多寄存器分散指令，通过一条指令完成在多个寄存器间聚集或分散数据的操作。

多寄存器聚集指令的格式为

```
GatherMultiReg[PS/PD/D/Q] zmm1,zmm2/mem
```

式中，向量寄存器 zmm1 包含多个目的数据元素，向量寄存器 zmm2 或存储器包含多个控制数据元素，每个控制数据元素指定应该被聚集到 zmm1 中的数据元素的来源。标识符 PS/PD/D/Q 分别表示向量的数据元素为单精度浮点数、双精度浮点数、双字或四字的整数。

图 10.96 为 GatherMultiReg 操作的逻辑框图。ZMM1 中包含多个目的数据元素，ZMM2 中包含多个控制数据，每个控制数据表示对应位置的 ZMM1 中数据的来源。控制数据的含义在图 10.96 中进行了说明，比特[7:0]表示要聚集的数据元素所在的寄存器编号，比特[15:8]表示要聚集的数据元素来自于指定寄存器的哪个数据元素。根据控制数据的指示，ZMM3~ZMM6 中特定的数据元素被聚集到 ZMM2 中的前 4 个数据元素中。

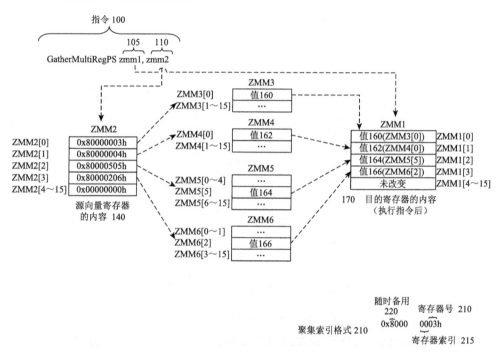

图 10.96   GatherMultiReg 操作的逻辑框图

多寄存器分散指令的格式为

    ScatterMultiReg[PS/PD/D/Q] zmm1/mem,zmm2

式中，向量寄存器 zmm2 包含多个源数据元素，向量寄存器 zmm1 或存储器包含多个控制数据元素，每个控制数据元素指定 zmm2 中的元素应该被分散到的位置。标识符 PS/PD/D/Q 分别表示向量的数据元素为单精度浮点数、双精度浮点数、双字或四字的整数。

图 10.97 为 ScatterMultiReg 操作的逻辑框图。ZMM2 中包含多个需要被分散的数据，ZMM1 中包含多个控制数据，每个控制数据可以指定分散索引和掩码值，

表示对应位置的 ZMM2 中数据的去向。控制数据的含义在图 10.97 中进行了说明，比特[7:0]表示要被分散到的目的寄存器的编号，比特[15:8]表示数据应被分散到指定寄存器的哪个数据元素位置。根据控制数据的指示，ZMM2 中的前 4 个数据元素分别被分散到了 ZMM3～ZMM6 中合适的数据元素位置上。

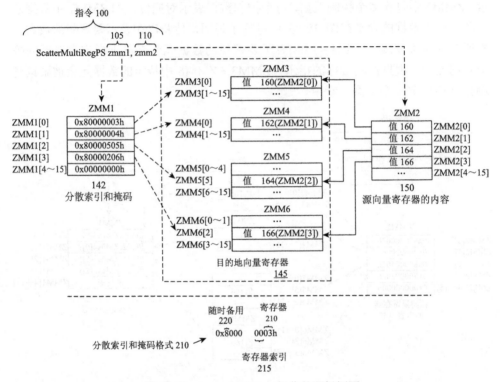

图 10.97 ScatterMultiReg 操作的逻辑框图

多寄存器分散指令的另一种指令格式为

ScatterMultiRegVar[PS/PD/D/Q] zmm1/mem,zmm2

指令参数和 ScatterMultiReg 类似，与 ScatterMultiReg 不同之处在于，ScatterMultiRegVar 允许控制数据选择操作源向量寄存器中的某个数据，可以将某个数据元素分散到多个目的位置。

10.36 转置指令与高速缓存协处理单元

【相关专利】

US20140164733（Transpose instruction，2011 年 12 月 30 日申请，已失效，中国同族专利 CN 104011672 A）

【相关指令】

Transpose 指令，手册未公开相关指令。

【相关内容】

本节专利技术提出完成完整的转置操作的单条转置指令，相比现有技术使用带立即数或单独的向量寄存器来设置控制掩码的混洗或置换指令或指令序列，能节省大量处理器资源。此外，转置操作多作用于存储器内的数据。完整的操作过程包括从存储器读出数据到处理器，在处理器中完成转置操作，再将数据从处理器写回存储器，较多时间浪费在了搬移数据上。为了解决这个问题，本节专利技术还提出高速缓存协处理单元，使得计算可以在更靠近存储器的地方进行。

本节专利技术提出的转置指令读取指定向量寄存器或存储器位置的操作数，使处理器以相反的顺序来存储指定的向量寄存器或存储器位置的数据元素。例如，最高有效的数据元素成为最低有效的数据元素，反之亦然。

转置指令的示例指令格式为

    Transpose[PS/PD/B/W/D/Q] vector_register/memory
式中，操作数为 vector_register 指定的向量寄存器或 memory 指定的存储器位置。标识符 PS/PD/B/W/D/Q 表示数据元素分别为单精度或双精度浮点数或长度为字节、字、双字、四字的整数。图 10.98 为 Transpose zmm1 指令操作的逻辑框图。

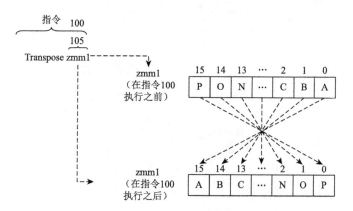

图 10.98　Transpose zmm1 指令操作的逻辑框图

转置指令的另一示例指令格式为

    Transpose[PS/PD/B/W/D/Q] memory,num_elements
式中，memory 是存储器位置；num_elements 是元素的数量。图 10.99 为 Transpose array，16 指令操作的逻辑框图。

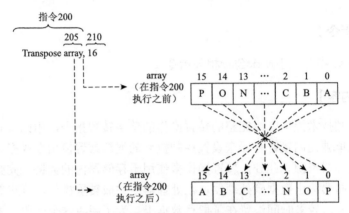

图 10.99   Transpose array, 16 指令操作的逻辑框图

本节专利技术还提出高速缓存协处理单元，用于卸载处理器执行的指令，使指令的执行更靠近提供数据的存储器，加快执行速度。图 10.100 为包含高速缓存

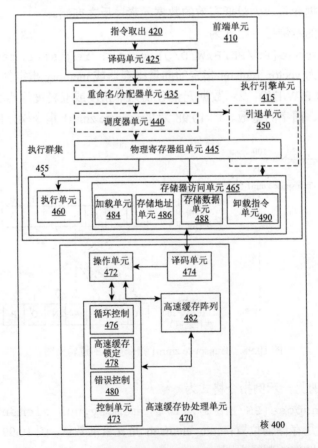

图 10.100   包含高速缓存协处理单元的处理器核逻辑框图

协处理单元的处理器核逻辑框图。前端单元中的译码单元根据规定的条件判断是否将一条指令卸载至高速缓存协处理单元。卸载指令单元负责将允许卸载执行的指令发送到高速缓存协处理单元。在高速缓存协处理单元中，译码单元负责译码收到的指令，操作单元则在控制单元的控制下完成数据的运算和写回等操作。

10.37　带选择与累积功能的精简指令

【相关专利】

US20130311530（Apparatus and method for selecting elements of a vector computation，2012 年 3 月 30 日申请，已失效，中国同族专利 CN 104204989 B）

【相关指令】

vRunningPreAdd 指令和 vRunningPostAdd 指令，手册未公开相关指令。

【相关内容】

向量可以被视为一列数据元素，处理向量的数据处理应用通常需要使用有效的硬件来实现向量精简操作。向量精简操作可以是向量元素的加法或乘法，得到向量所有数据元素的和或积；也可以是按位与、按位或、按位异或一类的逻辑或比较类操作；还可以是用于确定向量的最大或最小元素的逻辑或比较操作。本节专利技术提出的带选择与累积功能的精简指令，更进一步增强了向量精简操作的功能。

下面以加法操作为例，说明新提出的带选择与累积功能的精简指令。带选择与累积功能的精简指令提供前和后两种形式，指令助记符分别为 vRunningPreAdd 和 vRunningPostAdd。下面举例说明两种形式的指令，在向量 A[] 上的计算结果：

$$A[] = \{0, -1, 1, 2, 1, -1, 4, 0, 1, 0, 1, 0, 1, 0, 1, 0\}$$
$$sum = \{0, 0, 1, 3, 4, 4, 8, 8, 9, 9, 10, 10, 11, 11, 12, 12\}$$
$$B[] = \{0, 0, 0, 1, 3, 4, 4, 8, 8, 9, 9, 10, 10, 11, 11, 12\}$$
$$C[] = \{0, 0, 1, 3, 4, 4, 8, 8, 9, 9, 10, 10, 11, 11, 12, 12\}$$

上面所示的每个向量都包含多个数据元素，最左侧的数据元素所在位置为第 0 位，由左向右依次递增。本示例中，带选择与累积功能的精简指令选择 A[] 中大于 0 的元素进行加法运算，sum 为上述操作所得的结果。例如，sum[3] 的值为 3，表示 A[0:3] 中大于 0 的元素的和为 3。在迭代累加 A[] 中各元素的过程中，每次迭代的累加开始前的部分和构成向量 B[]，累加完成后的部分和构成向量 C[]。向量 B[] 即为 vRunningPreAdd 指令的计算结果，向量 C[] 即为 vRunningPostAdd 指令的计算结果。

图 10.101 为 vRunningPreAdd 和 vRunningPostAdd 的软件实现。图 10.101 中，

v1 为目的向量操作数，即前面例子中的向量 B[]或 C[]；v3 为源向量操作数，即前面例子中的向量 A[]；k1 为掩码寄存器，表示哪些数据元素需要参与指定的精简操作，相当于前面例子中大于 0 的条件；v2 可用于为目的向量寄存器设置初始值，当 v2 的各元素均为 0 时，指令的执行结果与前面所述示例相同。

```
A.    vRunningPreAdd(v1,k1,v2,v3) {
//VLEN is 8 for Q,16for D,32 for W, and 64 for B
    int j;
    int sum;
    for (j=0,j<VLEN, j++) {
        v1[j] = v2[j];
        if(k1[j]) {
            sum = v2[j] + v3[j];
            break;
        }
    }
    for (j++;j<VLEN; j++) {
        v1[j] = sum;
        if (k1[j]) {
            sum = sum + v3[j];
        }
    }
}
```

```
B.    vRunningPostAdd(v1,k1,v2,v3){
//VLEN is 8 for Q, 16 for D,32for W, and 64 for B
    int j;
    int sum;
    for (j=0; j<VLEN; j++) {
        if(k1[j]) {
            sum = v2[j] + v3[j],
            v1[j] = sum;
            break;
        }
        v1[j] = v2[j];
    }
    for (j++; j<VLEN; j++) {
        if(k1[j]) {
            sum = sum + v3[j];
        }
        v1[j] = sum;
    }
}
```

图 10.101　vRunningPreAdd 和 vRunningPostAdd 的软件实现

图 10.102 为实现带选择与累积功能的精简指令的硬件逻辑。硬件实现的操作与软件一致。在遇到 k1 中的非 0 元素前，直接把 v2 中对应元素的值写入 v1；在遇到 k1 中的非 0 元素后，把精简操作所得的结果写入 v1。精简逻辑负责完成精简运算，所得的部分和则保存在临时寄存器中。

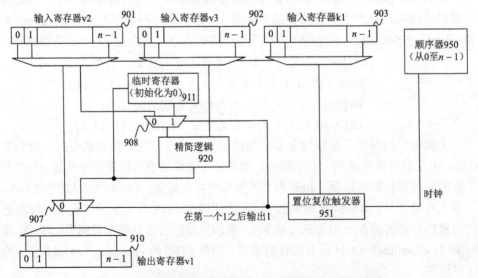

图 10.102　实现带选择与累积功能的精简指令的硬件逻辑

10.38 四操作数整型乘累加指令

【相关专利】

US9292297（Method and apparatus to process 4-operand SIMD integer multiply-accumulate instruction，2012 年 9 月 14 日申请，预计 2034 年 10 月 7 日失效）

【相关指令】

VPMAC4Q 指令，手册未公开相关指令。

【相关内容】

公钥加密或者长整型算法需要高效多精度乘法实现。现有技术中乘累加操作需要第一条指令完成乘法和加法，第二条指令完成第二次加法，占用的数据通路资源多，需要的微操作多。本节专利技术提出了能完成一次或多次乘累加操作的单条指令，以及执行该指令的方法、处理器和数字处理系统，能改进乘累加运算的速度和效率。

指令包含四个操作数。其中，操作数二指示的存储位置包含两个值 a 和 b；操作数三指示的存储位置包含值 c；操作数四包含值 n。译码单元译码指令后，执行单元将值 a 与值 b 相乘得到乘积，并根据值 n 的指示将乘积与至少部分的值 c（高或低部分）相加，最后将结果和操作数一中原累加值 d 相加，并存储新累加值 $ab + c + d$ 到操作数一。四操作数整型乘累加指令格式示例如下：

```
VPMAC4Q(zmm dst,zmm src1,zmm src2,byte imm8)
```

图 10.103 为四操作数整型乘累加指令操作数示意图，执行 VPMAC4Q 完成操作累加值计算 $ab + c + d$。

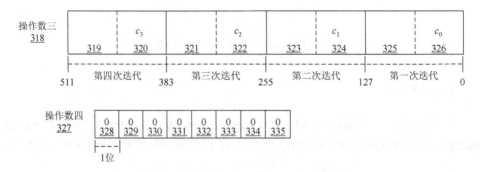

图 10.103　　四操作数整型乘累加指令操作数示意图

10.39　双舍入组合乘法和加法（减法或转换等）指令

英特尔公司在 2012 年推出了融合乘加指令，单条指令提供浮点的融合操作，如乘法-加法操作，或者乘法-减法操作等，该指令集的指令是单舍入操作，即完成乘法及加法（或减法等）操作后，根据 MXCSR 指示的舍入类型进行一次舍入后再存入目的寄存器。该指令的硬件占用面积大且可以实现单独的浮点乘法器和浮点加法器的功能，因此可以完全取代单独的浮点乘法器和浮点加法器。但是，对于无法使用融合乘加指令或未经重新编译的应用，使用该指令反而会造成性能显著下降。

【相关专利】

US9213523（Double rounded combined floating-point multiply and add，2012 年6 月 29 日申请，预计 2033 年 8 月 14 日失效，中国同族专利 CN 104321741 B）

【相关指令】

FCMADD 等指令，手册未公开相关指令。

【相关内容】

本节专利技术公开了一种涉及双舍入组合浮点乘与加（或减、转换）的 SIMD指令或融合的微操作、执行该指令或融合的微操作的方法、装置和逻辑。示例的执行方法包括：检测浮点乘法操作及后续的浮点操作（如加、减或转换），并将浮点乘法的结果指定为后续浮点操作的源操作数，在后续浮点操作之前，对浮点乘法的结果进行舍入。通过重新编译或运行时的动态融合，融合浮点乘加（或乘减或乘转换）操作可被用于代替单独的乘法和加法（减法或转换等）指令，由此减少等待时间并提高指令执行效率。

表 10.3 为双舍入组合浮点乘法和加法（减法或转换等）指令格式和描述。

表 10.3 双舍入组合浮点乘法和加法（减法或转换等）指令格式和描述

指令	目的地	源 1	源 2	源 3	描述
VFCMADD	vmm1	vmm2	vmm3	vmm4	将 vmm2 和 vmm3 的浮点元素的乘积舍入后，与 vmm4 的浮点元素相加，然后进行舍入并将结果存储在 vmm1 中
VFCMADD.R	vmm1	vmm2	vmm3	vmm4	将 vmm2 和 vmm3 的浮点元素的乘积舍入后，与 vmm4 的浮点元素相加，然后进行舍入并将结果存储在 vmm1 中。（NaN 从 vmm4 传递）
VFCMSUB	vmm1	vmm2	vmm3	vmm4	将 vmm2 和 vmm3 的浮点元素相乘，进行舍入并减去 vmm4 的元素，然后进行舍入并将结果存储在 vmm1 中
VFCSUB.R	vmm1	vmm2	vmm3	vmm4	将 vmm2 和 vmm3 的浮点元素相乘，舍入并被 vmm4 的元素减去，然后进行舍入并将结果存储在 vmm1 中。（NaN 从 vmm4 传递）
VFCMCVT	vmm1	vmm2	vmm3		将 vmm2 和 vmm3 的浮点元素相乘，进行舍入并通过舍入转换成整数元素，然后将结果存储在 vmm1 中
FCMADD	freg1	freg2	freg3	freg4	将 freg2 乘以 freg3，进行舍入并与 freg4 相加，然后进行舍入并将结果存储在 freg1 中
FCMADD.R	freg1	freg2	freg3	freg4	将 freg2 和 freg3 的乘积舍入后，与 freg4 相加，然后进行舍入并将结果存储在 freg1 中（NaN 从 freg4 传递）
FCMSUB	freg1	freg2	freg3	freg4	将 freg2 与 freg3 相乘，进行舍入并减去 freg4，然后进行舍入并将结果存储在 freg1 中
FCMSUB.R	freg1	freg2	freg3	freg4	将 freg2 与 freg3 相乘，进行舍入并从 freg4 减去该乘积，然后进行舍入并将结果存储在 freg1 中（NaN 从 freg4 传递）
FCMIST	mem1	freg2	freg3		将 freg2 与 freg3 相乘，进行舍入并通过舍入转换成整数，然后将结果存储在 mem1 中

在可执行线程中，实施双舍入组合浮点乘法和加法功能 FCMADD 的具体流程如下：

（1）将浮点乘法操作转换成具有加数操作数为零的双舍入浮点组合乘法加法 FCMADD 操作。

（2）将浮点加法操作转换成乘数为一，被乘数为加法操作数的双舍入 FCMADD 操作。

（3）如果加数操作数为零的双舍入 FCMADD 操作的下一个操作是乘数为一的双舍入 FCMADD 操作，并且前者的目的操作数和后者的被乘数匹配，那么将这两个指令组合以代替乘数操作数为一的双舍入 FCMADD 操作。

（4）如果加数操作数为零的任何余下的双舍入 FCMADD 操作产生未使用的

结果，那么将该余下的双舍入 FCMADD 操作去除。

10.40　将多个位向左移并将多个 1 填充较低位的指令

【相关专利】

US9122475（Instruction for shifting bits left with pulling ones into less significant bits，2012 年 9 月 28 日申请，预计 2034 年 2 月 22 日失效，中国同族专利 CN 104919432 B）

【相关指令】

掩码产生（掩码多位左移并在较低位填充 1）KSHLONES 指令（KSHLONESB/ W/D/Q）及其变形 SHLONES 指令（SHLONESB/W/D/Q），手册未公开相关指令。

【相关内容】

本节专利技术提出了一种掩码产生指令，该指令可以用于循环操作中需要单独处理的剩余循环，或用于更新稀疏向量计算的数据累积中的控制掩码。掩码产生指令执行操作是将一个寄存器中的掩码按照另一寄存器中指定的次数左移（低有效位向高有效位移动），并在低有效位填充 1，其中掩码中每个位对应数组中的一个数据元素。掩码产生指令执行流程图如图 10.104 所示。

掩码产生指令格式示例如下：

```
KSHLONES[B/W/D/Q] k1,r2
```

指令助记符中标识[B/W/D/Q]表示指令 KSHLONES 具有四种形式，分别对应于 8 位、16 位、32 位或 64 位的掩码。k1 表示源和目的操作数掩码寄存器，r2 表示源操作数中多个位向左移动的次数。变形的掩码产生指令为

```
SHLONES[B/W/D/Q] r1,r2
```

通用寄存器 r1 是源和目的操作数。指令也可以为三操作数，即源和目的操作数分别为不同的寄存器。

图 10.105 为稀疏向量 v1（包含若干数据 a_0）和 v2（包含若干数据元素 b_0）运算。用一对向量寄存器 v1 和 v2 与一对掩码寄存器 k1 和 k2 执行数据累积。v1 做累积器以累积用于计算的向量元素，而 v2 提供新数据元素填充 v1 未利用的数据元素。掩码寄存器 k1 和 k2 用于表示对应的向量寄存器中包含用于计算的有效数据元素的位置。首先可以通过数据累积操作将数据元素 b_0 并入 v1 寄存器，同时用指令 POPCNT = n 计算出多少向量合并，可用 n 指示 k1 中掩码左移的位数。之后使用掩码生成指令，更新 k1 中的掩码值用于指示 v1 中哪些数据元素后续要用于计算。

图 10.104　掩码产生指令执行流程图

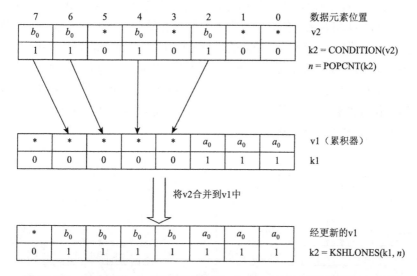

图 10.105　稀疏向量 v1（包含若干数据 a_0）和 v2（包含若干数据 b_0）运算

10.41　向量压缩循环指令

【相关专利】

US9606961（Instruction and logic to provide vector compress and rotate functionality，2013 年 10 月 30 日申请，预计 2035 年 4 月 7 日失效，中国同族专

利 CN 103793201 B、CN 107729048 B）

【相关指令】

手册中未公开相关指令。

【相关内容】

本节专利技术提出了在不容易被向量化的应用中提供向量压缩功能的 SIMD 向量压缩循环指令。指令应用示例如 SPEC 基准测试的 444.NAMD 程序的内环推导所示。

执行向量压缩循环指令，可以将源操作数中未掩码的元素复制到目的地中指定偏移的位置中进行相邻存储。图 10.106 为两条压缩循环向量指令操作示意图，掩码中 1（也可为其他值）指示源操作数对应数据元素未掩码，R 指示偏移至目的地第四数据元素位置。图 10.106 的两条指令操作不同之处在于，目的地最高有效位被填充后，源操作数中还剩余未掩码数据元素时的处理方式。图 10.106（b）不做处理；而图图 10.106（a）将剩余未掩码数据元素复制并存储在自目的操作数最低有效位开始的位置中。提供向量压缩循环功能的过程的两个示例流程图如图 10.107 所示。

图 10.108 为基准应用中提供向量压缩和循环功能的操作数据变化及处理流程图。执行的操作是根据向量 B[7:0] 和顶部值 TopVal 每个元素的比较结果，将向量 A[7:0] 压缩循环并存储到目的存储中。其中由于寄存器尺寸小于向量，将向量分成[3:0]和[7:4]两部分分开处理。

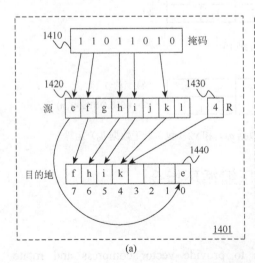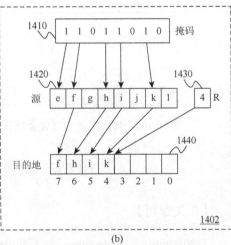

(a)　　　　　　　　　　　　　　　　(b)

图 10.106　两条压缩循环向量指令操作示意图

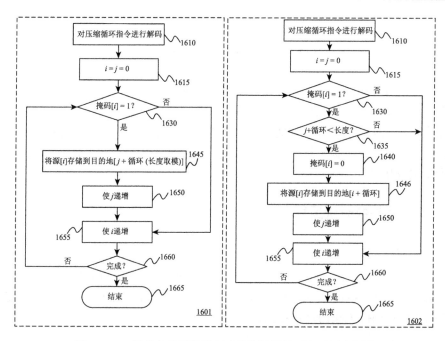

图 10.107 提供向量压缩循环功能的过程的两个示例流程图

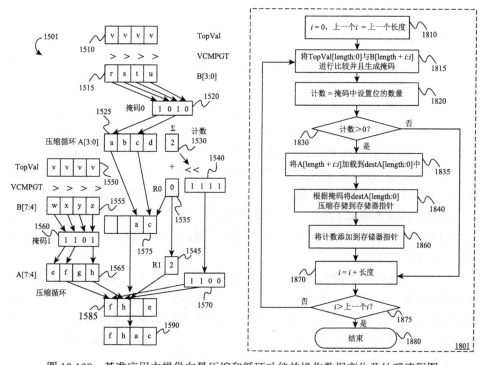

图 10.108 基准应用中提供向量压缩和循环功能的操作数据变化及处理流程图

10.42　大整数运算算法

当通过计算机进行算术运算时，参与运算的整数值有可能超出普通的标量寄存器的表示范围。这些数值非常大的大整数需要存储在向量寄存器中，向量的每个元素表示大整数的一部分。例如，大整数可以保存在长度为 512 比特的向量寄存器中，该向量寄存器又分为 8 个 64 比特元素。大整数的算术运算以向量元素大小为单位分块进行。

10.42.1　大整数乘法运算

【相关专利】

US9436435（Apparatus and method for vector instructions for large integer arithmetic，2011 年 12 月 23 日申请，预计 2032 年 5 月 4 日失效，中国同族专利 CN 104011661 B、CN 107145335 B）

【相关指令】

手册未公开相关指令。

【相关内容】

本节专利技术提出分块完成大整数乘法的算法，以及算法中需要使用的特殊指令。

图 10.109 为分块计算 834×765 的计算过程示例。其中，834 分块存储于向量 A，"8" 存于 A[2]，"3" 存于 A[1]，"4" 存于 A[0]；765 分块存储于向量 B，"7" 存于 B[2]，"6"存于 B[1]，"5"存于 B[0]。算法分块计算 A[0]×B[2:0]、A[1]×B[2:0] 和 A[2]×B[2:0]，通过将各块的结果错位相加得到最终结果。而 A[i]×B[2:0]的计算，又是通过错位相加 A[i]×B[0]、A[i]×B[1] 和 A[i]×B[2]完成的。

本节专利技术提出了通用的大整数乘法的实现方法。如实现 A[7:0]×B[7:0]，图 10.110 为 A[0]×B[7:0]的实现代码和逻辑框图。A[0]与 B[7:0]的各个元素相乘并错位累加到 S[8:0]中。

在前述大整数乘的实现方法中，需要用到乘法指令 VPMUL_LO 和 VPMUL_HI，用于获取数据元素相乘后所得数据的低半部和高半部。图 10.111 为 VPMUL_LO 和 VPMUL_HI 指令的执行单元逻辑框图。两个操作数在乘法器相乘后，由复用器根据指令编码选择所得结果的低半部或高半部输出。写掩码电路根据掩码向量寄存器中的掩码向量，完成将结果写入结果寄存器的操作。

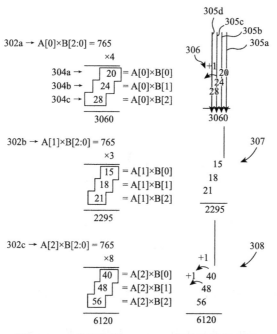

图 10.109　分块计算 834×765 的计算过程示例

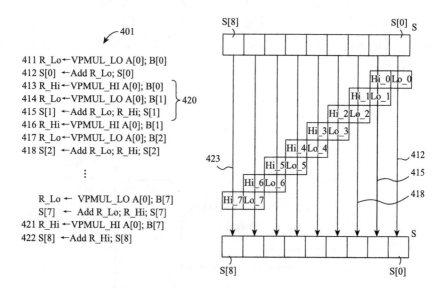

图 10.110　A[0]×B[7: 0]的实现代码和逻辑框图

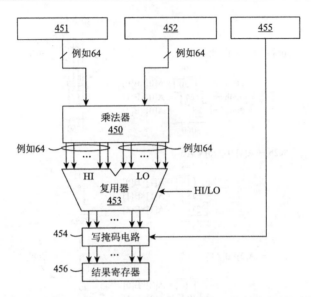

图 10.111　VPMUL_LO 和 VPMUL_HI 指令的执行单元逻辑框图

在前述大整数乘的实现方法中，还需要用到三输入加法指令完成错位相加操作。图 10.112 为三输入加法指令的执行单元逻辑框图。三个输入操作数在加法器中相加，产生相加结果和进位。写掩码寄存器既提供掩码向量给写掩码电路完成写结果寄存器的操作，又向加法器提供进位项。本次加法运算产生的进位也写入掩码寄存器中。

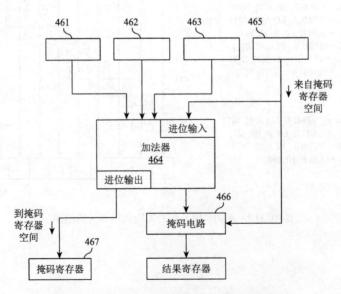

图 10.112　三输入加法指令的执行单元逻辑框图

10.42.2　大整数平方运算

【相关专利】

US9292283（Method for fast large-integer arithmetic on IA processors，2012 年 12 月 6 日申请，已失效）

【相关内容】

大整数的乘法和平方操作在高性能计算与加密算法中有着广泛的应用。虽然平方运算也可以通过乘法运算实现，但许多相同的操作会被重复计算，因此无法运用平方运算的特点进一步优化性能。本节专利技术提出专门的大整数平方运算方法，消除了这些重复的计算，且将剩余的计算按最优的方式排列，最大化大整数平方运算的性能。

图 10.113 为大整数平方运算的算法框图（第一步）。310 和 315 为两个相同的源向量操作数，向量的长度为 512 位，并包含 8 个 64 位的数据元素。该算法要求计算每个数据元素的平方，如 325 所示。算法还需要不同数据元素间的乘积，并

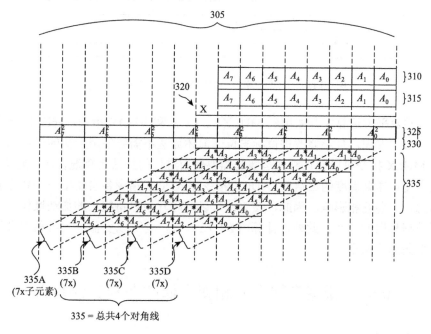

图 10.113　大整数平方运算的算法框图（第一步）

以 335 所示的方式安排对所得乘积的求和运算。335 所示的计算方式是经过优化的。首先，所有不同数据元素间的乘法运算都只进行了一次，没有任何冗余浪费的计算。其次，335 中的数据被组织成规则的形式，每条对角线上的加法运算可以通过一系列拥有一个独立进位链的加法指令完成。通过合理调度图中所示各个操作的执行顺序，可以实现算法性能的最大化。

在分别计算完 325 和 335 后，所得结果还需进行错位求和运算，且 335 需要加两次，如图 10.114 所示。410 和 415 是平方运算的源操作数（两个相同的向量），T1 对应前例中的 325，T2 对应前面示例中的 335。T1 +(2×T2)计算完毕后，即可得到平方运算的最终结果。

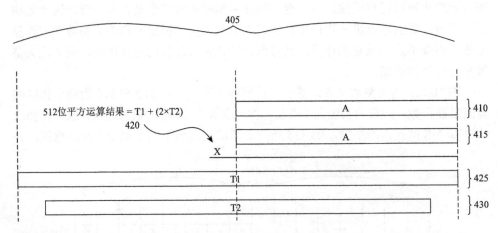

图 10.114　大整数平方运算的算法框图（第二步）

大整数平方运算中需要用到 MULX、ADCX 和 ADOX 指令。MULX 指令计算两个数的乘积，且不修改进位标志位。前述算法不需要使用乘法的进位功能，使用 MULX 指令可以允许乘法运算与需要使用进位的加法运算混合在一起执行，最大限度地提高调度的灵活性。ADCX 指令和 ADOX 指令各自使用一个独立的进位标志，不会互相影响。因此，该算法可以同时开始对角线上的加法操作，这提高了数据重用的效率。此外，计算 T1 + T2 + T2，也可以受益于具备独立进位标志的多条加法指令。

10.43　新型存储介质相变存储的非易失性写入

【相关专利】

US20140052891（System and method for managing persistence with a multilevel memory hierarchy including non-volatile memory，2012 年 3 月 29 日申请，已失效）

【相关指令】

（1）NVSTORE（non-volatile store）指令提供数据的延迟非易失性写入功能。

（2）NVFLUSH（non-volatile flush）指令标记所有延迟执行的 NVSTORE 指令应该完成的位置。

手册未公开相关指令。

【相关内容】

字节可寻址的非易失性存储器（non-volatile memory，NVM），如相变存储（phase change memory，PCM），具备较高的存储密度和较低的读写延迟，非常适合于未来大量依赖数据非易失性操作的应用，如数据库和文件系统。但是，层次化的存储结构，如高速缓存，使得对相变存储的非易失性操作变得复杂。应用程序无法知道数据会在何时、以怎样的顺序从高速缓存复制到相变存储中。现有技术可以使用 CLFLUSH 指令和 MOVNTQ 指令，但这样做将使写入相变存储的数据从高速缓存中移出，且不足以实现延迟的持久性，从而影响应用程序的性能。本节专利技术提出两条新指令 NVSTORE 和 NVFLUSH，可以更高效地完成非易失性写操作。

NVSTORE 指令指定所提供的数据需要被非易失性写入，但不指定非易失性写入发生的时间，因此 NVSTORE 指令可以延迟完成。NVFLUSH 指令标记了所有延迟的 NVSTORE 指令应该完成的位置。应用程序可以一边等待 NVSTORE 指令执行完毕，一边执行 NVSTORE 和 NVFLUSH 之间的指令，从而隐藏非易失性写操作带来的延迟。图 10.115 为支持 NVSTORE 和 NVFLUSH 指令的系统结构框图示例。

除了提出的新指令，本节专利技术还扩展了内存一致性模型，以规定多个写操作执行的顺序：①NVSTORE 指令不能与其他 NVSTORE 指令交换顺序；②NVSTORE 指令不能与 NVFLUSH 指令交换顺序；③NVSTORE 指令也不能与其他普通 STORE 指令随意交换顺序。

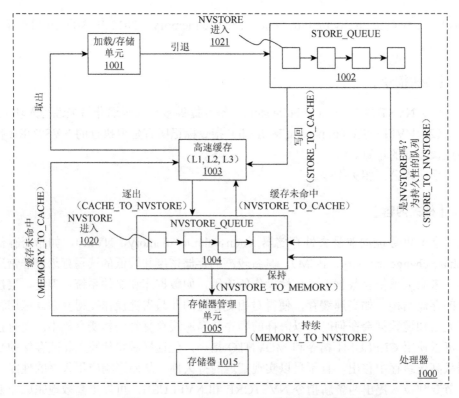

图 10.115　支持 NVSTORE 和 NVFLUSH 指令的系统结构框图示例

第 11 章　其他矢量指令

本章包含未在手册中 AVX 和 AVX2 指令集公开且未在 AVX-512 指令集（这些专利技术的相关指令未指出支持 ZMM 寄存器或 EVEX 编码）公开的向量指令或序列的专利技术。

11.1　合并的向量转换指令

【相关专利】

（1）US8667250（Methods，apparatus，and instructions for converting vector data，2007 年 12 月 26 日申请，预计 2029 年 1 月 6 日失效，中国同族专利 CN 101488083 B、CN 103257847 B）

（2）US20140019720（Methods，apparatus，and instructions for converting vector data，2013 年 2 月 7 日申请，已失效）

【相关指令】

三大类指令为 VLoadConWr、VLoadConComWr 和 VConStore[①]：

（1）VLoadConWr 包括 VLoadConWrF32、VLoadConBroad4F32 等。

（2）VLoadConComWr 包括 VLoadConAddWrF32 等。

（3）VConStore 包括 VCon1StoreF16、VCon4StoreF16 等。

【相关内容】

本节专利技术提出了合并的向量转换指令，即将数据格式转换操作和一个或多个向量操作相组合，包含向量-加载-转换-写入（VLoadConWr）、向量-加载-转换-计算-写入（VLoadConComWr）和向量-转换-存储（VConStore）三类指令、方法和系统。

VLoadConWr 指令将转换、向量寄存器加载及可选的广播操作组合在单一指令中。处理核心执行 VLoadConWr 操作时进行如下操作：①从存储器加载外部格

---

① AVX-512 指令集 VCVTPH2PS 指令和 VCVTPS2PH 指令与 VLoadConWr 指令和 VConStore 指令类似，但非本节专利技术。

式的数据；②将数据从外部格式转换成内部格式；③以可选择的广播（如一对六、四对六等）将数据加载到向量寄存器。

VLoadConComWr 指令是 VLoadConWr 指令的变形，该指令将转换、向量运算和向量寄存器加载指令相组合。处理核心执行 VLoadConComWr 指令时进行如下操作：①从存储器加载外部格式的数据；②将数据从外部格式转换成内部格式；③执行向量 ALU 操作；④将结果加载到向量寄存器。

VConStore 指令将转换和将来自向量寄存器的数据存储到存储器中的操作相组合。处理核心执行 VConStore 指令时进行如下操作：①选择要存储的向量的子集（可选操作）；②从内部格式转换成外部格式；③将经转换的数据存储到存储器。

合并的向量转换指令执行示例流程图见图 11.1。由不同类型的合并的向量转换指令可知，后续操作被分为沿算术、存储和写入三条路径进行。

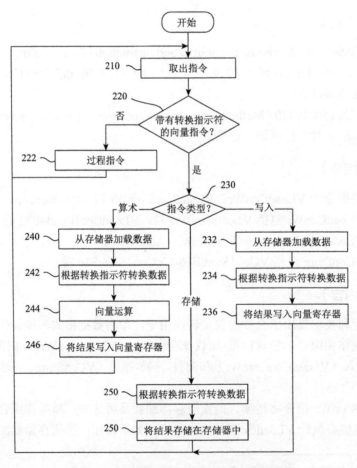

图 11.1　合并的向量转换指令执行示例流程图

VLoadConWrF32 指令操作和存储结构示例如图 11.2 所示。指令操作码为 VLoadConWrF32，其中 F32 指示把每个浮点数据元素转换成 32 位浮点（也称双精度浮点或 float32）格式；v1 是目的自变量；v2 是寄存器源自变量；0b0000 是存储器源自变量；float16 是格式自变量。VLoadConWrF32 指令执行从存储位置 0b0000 加载外部（也称为单精度浮点）float16 格式数据，再把 float16 格式数据转换成 float32 格式，最后把结果加载到向量寄存器 v1 中。

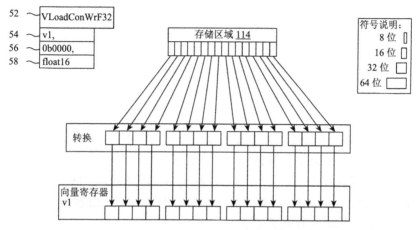

图 11.2   VLoadConWrF32 指令操作和存储结构示例

VLoadConWr 指令除了图 11.2 展示的示例 VLoadConWrF32，还有一对多的示例 VLoadConBroad1F32 和四对多的示例 VLoadConBroad4F32，其中 Broad1 与 Broad4 分别代表从存储区读取 1 个数据和 4 个数据，数据经转换后保存在 v1 中作为广播。两指令操作存储结构示例分别如图 11.3 和图 11.4 所示。

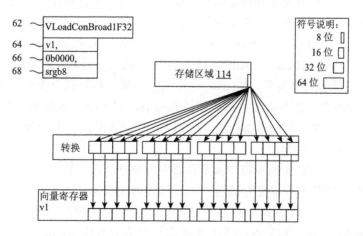

图 11.3   VLoadConBroad1F32 指令操作存储结构示例

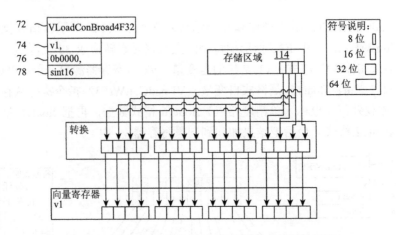

图 11.4　VLoadConBroad4F32 指令操作存储结构示例

VLoadConWr 类指令支持的数据转换类型包括但不限于：

（1）float16 至 float32（16 位浮点转换成 32 位浮点）。

（2）srgb8 至 float32（伽马校正函数映射到[−1, 1]的 8 位浮点转换成 32 位浮点）。

（3）unorm8，unorm16，snorm8，snorm16 至 float32（映射到[−1, 1]的无符号或带符号浮点数转换到 32 位浮点）。

（4）uint8，uint16 至 uint32 或 float32（无符号整数转换成无符号 32 位整数或 32 位浮点）。

（5）sint8 或 sint16 至 sint32 或 float32（带符号整数转换成带符号 32 位整数或 32 位浮点）。

第二类 VLoadConComWr 指令和第一类 VLoadConWr 指令不同的是，VLoadConComWr 指令支持向量算术、加载和转换的组合操作。组合了加法操作的 VLoadConComWr 指令格式示例如下：

```
VLoadConAddWrF32 v1,v2,0b0100,float16
```

指令操作码为 vLoadConAddWrF32，v1 是目的自变量，v2 是寄存器源自变量，0b0100 是存储器源自变量，float16 是格式自变量。执行指令操作，从存储位置 0b0100 读取数据，把 float16 格式数据转换成 float32 格式，和向量寄存器 v2 中数据相加后把结果加载到向量寄存器 v1。VLoadConAddWrF32 指令操作和相关存储结构示例如图 11.5 所示。

第三类 VConStore 指令将向量寄存器中的数据从内容格式转换成外部格式，然后将经转换的数据存储在存储器中。图 11.6 为 VCon4StoreF16 指令操作存储结构示例。指令中 4 指示将源寄存器中前 4 个元素转换并存储在存储器中。类似地，还有 VConStoreF16，VConStoreF16 指示源寄存器中所有元素全转换。

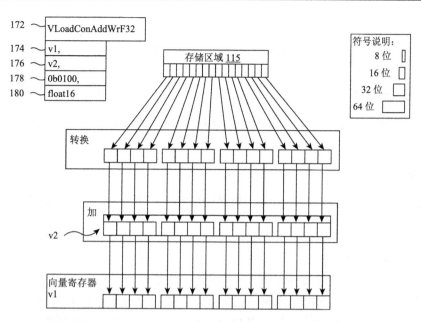

图 11.5 VLoadConAddWrF32 指令操作和相关存储结构示例

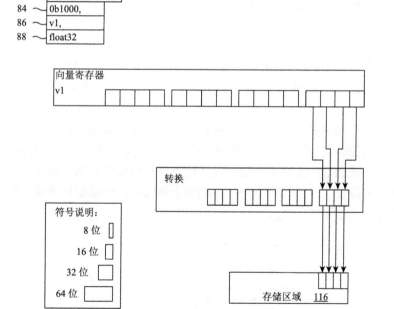

图 11.6 VCon4StoreF16 指令操作存储结构示例

11.2　灵活归零控制的置换指令

【相关专利】

US8909901（Permute operations with flexible zero control，2007 年 12 月 28 日申请，预计 2031 年 1 月 18 日失效）

【相关指令】

相关指令包括 VPERMIL2PD、VPERMIL2PS 等一类指令，手册未公开相关指令。

【相关内容】

已有的若干置换指令不能灵活控制需要归零的置换域，本节专利技术提出了包含灵活的归零的置换操作新指令、实现和处理方法。

指令包含两个源操作数和两个控制值。其中控制值一包含两部分，一部分用于从两个源操作数中分别选择一部分值，另一部分用于和另一控制值（控制值二）进行匹配，以决定将源操作数中选择的值存入目的操作数还是将目的操作数中对应位置的数据元素归零。前述匹配操作非常灵活，可以是相等或布尔运算等，根据匹配操作的结果决定是否进行前述归零操作。

灵活归零控制的置换指令示例格式：

```
VPERMIL2PD xmm1, xmm2, xmm3/m128, xmm4, imm8
```

执行指令将 xmm2 和 xmm3/m128 中的双精度浮点值使用 xmm4 中每个元素的低位控制置换，并存储结果到 xmm1。xmm4 和 imm8 匹配决定 xmm1 对应元素是否归零。

图 11.7 为带灵活归零控制的置换指令的操作数和控制示意图。其中源 3 包含两个部分的控制值。源 4 是另一个控制值，为 8 位立即数。源 3[1:0]和源 3[65:64]分别从源 1 或源 2 中选择哪个数据元素放置到目的操作数第一数据元素位置和第二数据元素位置。源 3[5:2]及源 3[69:66]用于和源 4 匹配确定目的操作数中值是否需要归零。

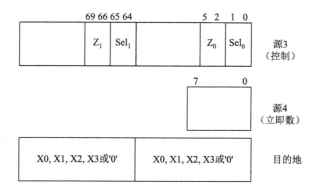

图 11.7　带灵活归零控制的置换指令的操作数和控制示意图

使用灵活归零控制的置换指令序列执行数据筛选流程如图 11.8 所示。

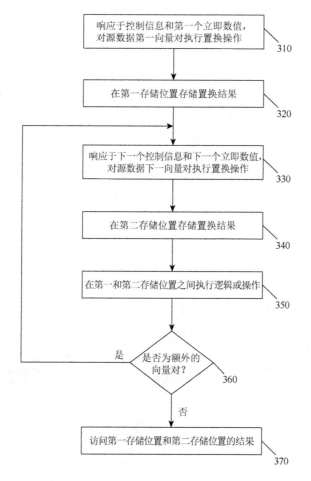

图 11.8　使用灵活归零控制的置换指令序列执行数据筛选流程

11.3　范围检测指令

【相关专利】

US8386547（Instruction and logic for performing range detection，2008 年 10 月 31 日申请，预计 2031 年 12 月 28 日失效，中国同族专利 CN 101907987 B）

【相关指令】

Range Vector（R）指令，手册未公开相关指令。

【相关内容】

　　处理器中的数学函数计算通常会通过指令访问高速缓存或主存中的查找表。对于 SIMD 指令许多处理器结构不提供查找表的并行访问，而这种串行方式限制了 SIMD 指令执行的优势。在一些算法中，使用样条函数或基于多项式的技术对数学函数求值，能够消除使用查找表的高成本存储访问需求。然而利用样条函数又需要执行范围检测、系数匹配和多项式计算等操作，因此利用 SIMD 的范围检测指令及硬件逻辑可以加速样条计算中所使用的多项式的范围检测。

　　本节专利技术提出了一种装置，包含范围检测指令执行逻辑，能加速样条计算中使用的各种多项式的范围检测。

　　样条函数示例如图 11.9 所示。可假设输入向量 x 有 8 个数据元素，每个数据元素 x_{in} 为 32 位，则向量 x 有 256 位；对于任意给定的输入 x_{in}，样条函数向量 y 对应一个输出 y_{out}。图中 r 标注的是范围检测结果。

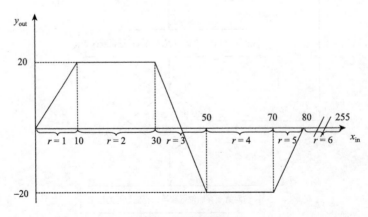

图 11.9　样条函数示例

范围检测指令执行以下表达式的指令格式和控制字段：

Range Vector(r)=Range_Detect(Input vector(x),

Range Limit vector(rl))

式中，r 是输出的范围向量，x 是输入向量，r_l 是范围界限向量，包含样条函数的每个范围的第一个 x_{in} 值。图 11.9 所示样条函数，输入的向量 r_l 包含（0，10，30，50，70，80）；如果输入 $x = (25, 77, 32, 8, 47, 123, 62, 1)$，那么通过该范围检测指令执行，得到结果 $r = (2, 5, 3, 1, 3, 6, 4, 1)$。

图 11.10 给出了响应范围检测指令执行逻辑框图。x_i 表示输入向量 x 的输入元素；t_i 表示样条的范围界限，即每个元素对应前述表达式中的向量 r_l 中的每个元素；r_i 表示范围检测向量 r 中对应输入元素 x_i 的所在范围。

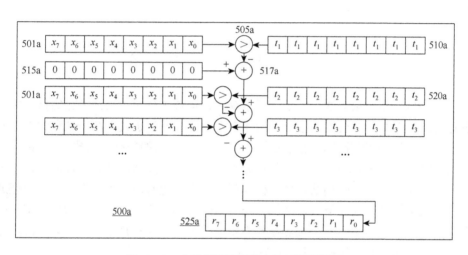

图 11.10　响应范围检测指令执行逻辑框图

如图 11.10 所示，比较逻辑 505a 将输入向量 x 与范围界限向量 510a 进行比较，比较结果在每个元素中生成 0 或 1，输入向量 x 依次与范围界限每个值比较后，生成的比较值累加，即得到范围检测结果。此外，还可以使用二分搜索逻辑执行范围检测的方法，从中间范围界限开始比较可以节省比较次数。

本节专利技术还提出了一种执行样条函数的方法。首先如前述方法所示，执行范围检测指令生成范围检测向量，然后执行系数匹配以根据输入向量元素生成对应于样条的每个范围的多项式的系数，最后为输入向量的每个元素执行多项式计算，并存储结果向量。以图 11.9 为例，每个范围的多项式有对应的系数。六个范围的多项式如下所示。

范围 1：$y = 2x$（$0 \leqslant x < 10$）。

范围 2：$y = 0x + 20$（$10 \leqslant x < 30$）。

范围 3：$y = -2x + 20$（$30 \leqslant x < 50$）。

范围 4：$y = 0x - 20$（$50 \leqslant x < 70$）。

范围 5：$y = 2x - 20$（$70 \leqslant x < 80$）。

范围 6：$y = 0$（$80 \leqslant x \leqslant 255$）。

对于 $x = (25, 77, 32, 8, 47, 123, 62, 1)$，第一步求得的 $r = (2, 5, 3, 1, 3, 6, 4, 1)$对应每个元素的范围值，得到系数向量 c_1 和 c_2 分别为 $c_1 = (0, 2, -2, 2, -2, 0, 0, 2)$和 $c_2 = (20, -20, 20, 0, 20, 0, -20, 0)$。之后可以计算每个输入元素相对其样条范围的起点的偏移值，得到起始范围值 $b = (10, 70, 30, 0, 30, 80, 50, 0)$和偏移向量值 $o = (15, 7, 2, 8, 17, 43, 12, 1)$。最后为每个输入向量元素计算输出向量元素，得到输出向量值 $y = (20, -6, 16, 16, -14, 0, -20, 2)$。

11.4　跨通道交织拆开指令

在 MMX 指令集首次引入了拆开指令后，英特尔公司在后续增加的指令集中也有类似的指令。然而这些指令均为通道内指令，即对于具有两个通道的寄存器（256 位），执行拆开指令，是对每个通道（128 位）内的数据元素执行相同操作，例如，执行 UNPCKLPS 指令，是对分别位于高低两通道的低有效位的数据元素执行拆开操作。对于阵列结构到结构阵列算法需要更有用的拆开指令，如对低通道执行低位拆开，高通道执行高位拆开。如图 11.11 所示，第一源操作数重复的四个数据元素是 6420，第二源操作数重复的四个数据元素是 7531，可以用跨通道交织拆开操作得到结果操作数 76543210。

	高通道	低通道
第一源操作数：	6 4 2 0	6 4 2 0
第二源操作数：	7 5 3 1	7 5 3 1
结果操作数：	7 6 5 4	3 2 1 0

图 11.11　跨通道交织拆开指令操作示例

【相关专利】

（1）US9086872（Unpacking packed data in multiple lanes，2009 年 6 月 30 日申请，预计 2032 年 4 月 28 日失效，中国同族专利 CN 102473093 B）

（2）US9081562（Unpacking packed data in multiple lanes，2013 年 3 月 15 日申请，预计 2029 年 6 月 30 日失效）

【相关指令】

本节专利中未给出指令助记符。

【相关内容】

本节专利技术提出对多个通道中的紧缩数据执行拆开的指令和方法，其中对至少两个通道执行的拆开操作的类型不同，即跨通道拆开指令。

图 11.12 是 AVX 指令集使用的 YMM 寄存器的示意图。每个 YMM 寄存器 256 位，分为高低两个通道，其中 0～127 位为低通道，128～255 位为高通道。YMM 寄存器也可以分为更多个通道。

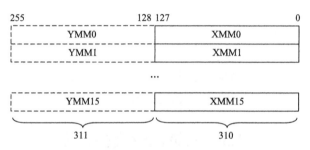

图 11.12　AVX 指令集使用的 YMM 寄存器的示意图

图 11.13 和图 11.14 是低通道拆开低操作和高通道拆开高操作示意图与低通道拆开高操作和高通道拆开低操作示意图。其中来自同一通道的两源操作数数据元素交织放置在目的操作数中。

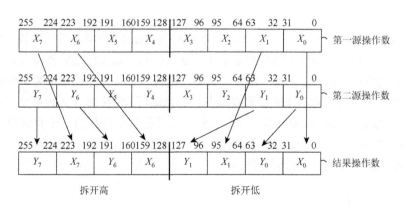

图 11.13　低通道拆开低操作和高通道拆开高操作示意图

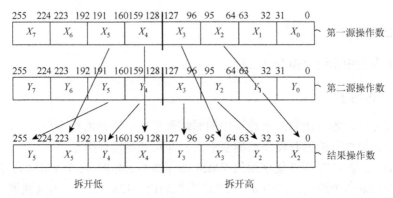

图 11.14　低通道拆开高操作和高通道拆开低操作示意图

图 11.15 为跨通道拆开指令的控制字段框图。位 1 对应第一通道，位 2 对应第二通道，位 n 对应第 n 通道（n 通常是整数 2～5）。每个位有一预定值用于指示相对应的通道拆开操作类型，如预定值 0 指示对应通道拆开低操作。

图 11.15　跨通道拆开指令的控制字段框图

11.5　向量比较交换指令

【相关专利】

US8996845（Synchronizing SIMD vectors，2009 年 12 月 22 日申请，已失效，中国同族专利 CN 102103570 B、CN 105094749 A）

【相关指令】

VCMPXCHG 指令（VCMPXCHG src1/dest, src2, src3）将第一源操作数与第二源操作数进行比较。如果比较满足预定条件，那么将第三源操作数的值写入目的操作数；如果比较不满足预定条件，那么不改变目的操作数的值。通常，第一源操作数即为目的操作数。在 VEX.128 编码版本中，src1/dest 可引用 16 个 8 位锁值，每个值对应于高速缓存线或 SIMD 寄存器的 16 个存储位置中的相应一个存储位置。在 VEX.256 编码版本中，src1/dest 可引用 32 个 8 位锁值，每个值对应于高速缓存线或 SIMD 寄存器的 32 个存储位置中的相应一个存储位置。手册未公开相关指令。

【相关内容】

在多核处理器中，当多个进程并行地访问共享存储器空间时，需要通过锁机制对各个进程进行同步，保证程序的正确性。当一个进程试图获得对共享存储器空间的控制权时，它首先读取锁值，检查和修改该值，并将修改值写回到锁。读-修改-写锁值的过程需要作为原子操作来执行，以防止其他进程修改锁值。本节专利技术提出的向量比较交换指令 VCMPXCHG 可以用于实现上述原子操作。与普通的比较交换指令 CMPXCHG 不同，VCMPXCHG 可同时引用多个锁值，并完成比较交换操作。

　　执行向量比较交换指令可以利用原子操作来执行锁值的更新。首先将锁值读入第 2 源操作数指定的位置中，并将更新值读入第 3 源操作数指定的位置中，第 1 源操作数引用锁值的存储位置。然后，执行向量比较交换指令。如果第 1 源操作数相关联的当前值与第 2 源操作数相关联的值相同，那么表示锁值还没有被其他进程修改，更新操作可以执行；如果不同，那么表示其他进程已经修改了锁值，本次更新不能执行。

　　图 11.16 为执行向量比较交换指令 VCMPXCHG 的系统结构框图。向量比较交换指令 VCMPXCHG 驻存在执行单元 46 中。指令操作数与寄存器的关联用虚线示出，程序代码、锁、共享数据驻存在高速缓存 28、20 和主存 18 中。

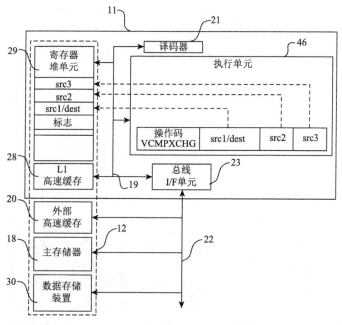

图 11.16　执行向量比较交换指令 VCMPXCHG 的系统结构框图

11.6　二维矩阵乘加

　　图形、图像、视频处理算法及数字信号处理算法具有较大的数据集，使得它们的性能可以随着数据并行度的增加不断扩展。因此，SIMD 技术在这些算法中得到了广泛的应用。矩阵乘是这些算法中经常使用的操作。在传统的 SIMD 技术中，二维矩阵乘操作是通过一系列的一维向量操作实现的。由于资源限制和数据依赖等，现有技术的二维矩阵乘操作在执行速度上受到了限制。

【相关专利】

US8984043（Multiplying and adding matrices，2010 年 12 月 10 日申请，预计 2033 年 6 月 28 日失效）

【相关指令】

矩阵乘加指令计算两个 4×4 矩阵的乘积，并把结果累加到目的矩阵中。手册未公开相关指令。

【相关内容】

本节专利技术提出使用单条二维矩阵乘加指令和矩阵乘加单元（matrix multiply-add unit，MMAU）实现更高性能的二维矩阵乘加操作。二维矩阵乘加指令可以操作三个 4×4 矩阵 A、B、C，矩阵元素为 32 位整型或浮点型数据，指令实现的功能为 $C = C + AB$。

图 11.17 为矩阵乘加单元逻辑框图。MMAU 包含 4 个相同的子单元，每个子

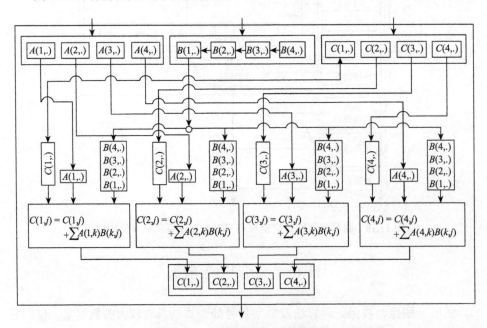

图 11.17　矩阵乘加单元逻辑框图

单元读入矩阵 A 的一行和全部矩阵 B，完成结果矩阵 AB 中一行的计算。矩阵 AB 与矩阵 C 的相加也通过各个以行为单位子单元完成。在示例中，最终的计算结果仍然写回矩阵 C。

　　图 11.18 为 MMAU 子单元的逻辑框图。子单元包含一个乘加单元，用于完成矩阵 A 一行的第一个元素与矩阵 B 各列的第一个元素的相乘，生成结果矩阵 AB 一行中各元素的中间结果。该乘加单元也负责将矩阵 C 一行中的各元素与计算出的中间结果相加，得到最终的结果矩阵 C 一行中各元素的中间结果。子单元还包含 3 个乘法器和 3 个加法器，用于计算结果矩阵 AB 一行中各元素的其他中间结果，并把所有中间结果相加，得到结果矩阵 C 的一行。触发器（flip-flop，FF）用于各种操作的同步。

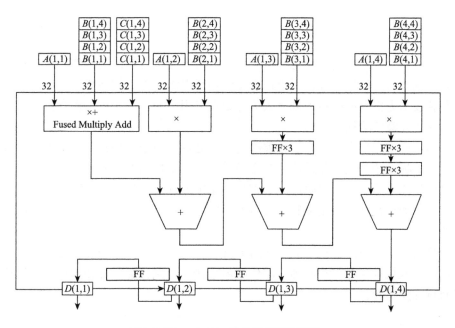

图 11.18　MMAU 子单元的逻辑框图

11.7　复数运算指令改进信号处理

【相关专利】

US20120166511（System，apparatus，and method for improved efficiency of execution in signal processing algorithms，2010 年 12 月 22 日申请，已失效）

【相关指令】

复数乘法 CPLXMUL 指令（CPLXMUL src1, src2, dst）读入两组复数进行乘法运算，并将结果写入目的操作数。操作数可以是 16 位有符号整数、16 位半精度浮点数、32 位单精度浮点数、64 位双精度浮点数或 128 位四倍精度浮点数等组成的紧缩数据。操作数可以来自于寄存器，也可以来自于内存。来自内存的数据首先保存到寄存器中，再进行复数乘法操作。手册未公开相关指令。

比特倒序 BITR 指令（BITR src, dst）反转源操作数的比特顺序，并将结果写入目的操作数。操作数可以是 8 位、16 位、32 位无符号整数或紧缩数据。操作数可以来自于寄存器，也可以来自于内存。来自内存的数据首先保存到寄存器中，再进行比特倒序操作。手册未公开相关指令。

【相关内容】

许多信号处理应用，如无线信号处理、医疗领域的超声波处理、军事和航空航天领域的雷达信号处理，要求在规定的功耗下满足指定的性能和延迟需求。本节专利技术提出专用的指令来完成信号处理应用中的常见操作，提高执行这些操作的性能并降低功耗。

信号通常用复数表示，复数乘法是信号处理应用中一种常见的操作。信号处理应用的另一个基本操作是傅里叶变换。傅里叶变换需要用到比特倒序操作，使得输出与输入数据的比特顺序完全相反。本节专利技术涉及将复数的实部和虚部分别写入紧缩数据，采用复数乘法指令（CPLXMUL）和比特倒序指令（BITR）支持上述操作。

复数乘法操作的伪代码如图 11.19 所示。CPLXMUL 指令在完成译码和取操作数后送入执行单元，按照图 11.19 中所示操作分别计算实部和虚部，并将结果写回目的操作数。

```
void complex_mul(cmplx &src1,cmplx &src2,cmplx &dst)
{
      dst.real = (src1.real * src2.real) - (src1.imag * src2.imag);
      dst.imag = (src1.real * src2.imag) + (src1.imag * src2.real);
}

// SIMD version
// NUM_ELEMENTS parameter can be 2,4,8,16,etc.
for (i = 0; i < NUM_ELEMENTS; i++)
{
      complex mul(source1[i], source2[i], destination[i]);
}
```

图 11.19 复数乘法操作的伪代码

图 11.20 为紧缩数据的复数乘法操作示例。操作数源 1 和源 2 中保存了 8 对复数，处理器并行执行 8 对复数乘法操作，并将结果写入目的操作数的相应位置。

源1	x_7	x_6	x_5	x_4	x_3	x_2	x_1	x_0
源2	y_7	y_6	y_5	y_4	y_3	y_2	y_1	y_0
目的	x_7y_7	x_6y_6	x_5y_5	x_4y_4	x_3y_3	x_2y_2	x_1y_1	x_0y_0

图 11.20　紧缩数据的复数乘法操作示例

比特倒序操作的伪代码如图 11.21 所示。BITR 指令在完成译码和取操作数后送入执行单元，按照图 11.21 中所示方法完成交换比特位置的操作，并将结果写回目的操作数。

```
void bit_reverse(bit_structure &src, bit_structure &dst)
{
        dst.b0 = src.b7;
        dst.b1 = src.b6;
        dst.b2 = src.b5;
        dst.b3 = src.b4;
        dst.b4 = src.b3;
        dst.b5 = src.b2;
        dst.b6 = src.b1;
        dst.b7 = src.b0;
}

// SIMD version
// NUM_ELEMENTS parameter can be either 2, 4, 8, 16, etc.
for(i = 0; i < NUM_ELEMENTS; i++)
{
        bit reverse(source[i], destination[i]);
}
```

图 11.21　比特倒序操作的伪代码

图 11.22 为紧缩数据的比特倒序操作示例。源操作数中保存了多个字节的数据，处理器并行执行每一字节数据的比特倒序操作，并将结果写入目的操作数的相应字节。每个字节的比特倒序操作也在图 11.22 中示出。

源	11001100	00000001	10100000	00101100	10000000	00111100	00011100	00001100
目的	00110011	10000000	00000101	00110100	00000001	00111100	00111000	00110000

紧缩数

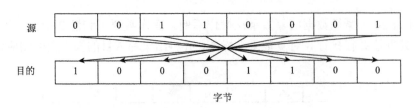

图 11.22　紧缩数据的比特倒序操作示例

11.8　归约指令和加速

计算机系统需要能够高效地对一个向量内的所有元素进行计算。例如，假设有一个包含 8 个元素的向量，需要对这 8 个元素做逻辑与操作，最终生成一个标量。实现上述操作的传统方法是使用软件编写的循环操作，累计进行 7 次循环，每次对两个元素做逻辑与操作，最终产生 8 个元素逻辑与的结果。11.8 节专利技术提出新的逻辑归约指令和实现方法改进，可以用单条指令实现上述需通过多次循环才能完成的操作，提高系统的性能。

11.8.1　逻辑归约指令

【相关专利】

US9141386（Vector logical reduction operation implemented using swizzling on a semiconductor chip，2010 年 9 月 24 日申请，已失效，中国同族专利 CN 103109262 B、CN 105740201 B）

【相关指令】

归约操作，本节专利中无助记符示例。手册未公开相关指令。

【相关内容】

本节专利技术提出了逻辑归约操作的单条指令及实现方法。

图 11.23 为八输入逻辑与操作的逻辑归约实现流程图。指令的输入为同一向量中的八个数据元素 A、B、C、D、E、F、G、H，由此向量进行混合操作生成另一混合向量，逻辑电路执行逻辑操作形成中间向量，最后输出结果为八个数据元素的逻辑与结果 ABCDEFGH。在逻辑归约操作执行过程中，不断交替进行混合操作和逻辑与操作，最终生成所需的结果。示例中使用逻辑与操作进行说明，但其他逻辑操作，如向量与（vector AND）、向量或（vector OR）和向量异或（vector XOR），也可以类似地通过逻辑归约的方式实现。

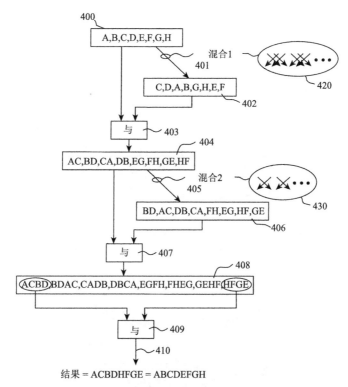

图 11.23　八输入逻辑与操作的逻辑归约实现流程图

　　混合操作有多种混合模式，上述例子中用到了两种混合模式。其他混合操作也可以用于实现逻辑归约，但相应的计算流程也需做出改变。

11.8.2　通道内向量归约加速

【相关专利】

US9588766（Accelerated interlane vector reduction instructions，2012 年 9 月 28 日申请，预计 2034 年 6 月 14 日失效，中国同族专利 CN 104603766 B）

【相关指令】

　　向量归约类指令，包括不同算术操作和不同数值数据格式，如单精度、双精度、半精度等的 VADDREDUCEPS、VMULTREDUCEPS、VSUBREDUCEPD 及它们的变型。前缀 V 指示向量操作；ADD、MULT 和 SUB 分别指示加法、乘法和减法；后缀 P 指示紧缩数据操作（即向量操作），S 指示单精度数据元素，D 指示双精度数据元素。手册未公开相关指令。

【相关内容】

本节专利技术提出了执行通道内向量归约指令执行的装置、系统和方法。向量归约指令可响应归约运算符,对源操作数中每个通道中两个数据元素进行操作,如加法、减法、乘法等,并混洗多个数据元素中的一部分(当每通道中剩余至少一个数据元素时,移位这些元素)。向量归约指令可加速归约操作,同时保留和给定的串行源代码相同的操作顺序,可以通过编译器生成向量归约指令,例如,把多条使用标量计算的代码或短宽度向量的代码转换为一条使用长宽度向量的向量归约代码。通道内向量归约操作流程如图 11.24 所示。

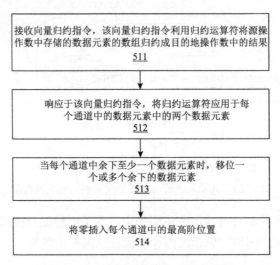

图 11.24　通道内向量归约操作流程

通道内向量归约操作实例如图 11.25 所示。512 位寄存器中存储 16 个单精度浮点数,每个通道 128 位包含 4 个单精度浮点数(310)。执行通道内向量归约后,每通道的较低有效位两个数据元素(第二个和第一个)相加,并存储在最低有效位(原第一个数据元素位),较高有效位量元素(第四个和第三个)混洗(移动)到每通道原第三个和第二个数据元素位。

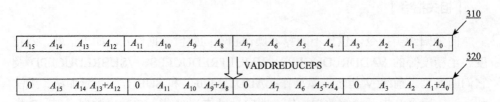

图 11.25　通道内向量归约操作实例

参 考 文 献

[1] Intel Corporation. Intel® 64 and IA-32 Architectures Software Developer's Manual [EB/OL]. [2014-09-15]. September 2014. Order Number：253665-052US.：9-5 Vol.1，9.4 MMX INSTRUCTIONS. https://www.intel.com/content/www/us/en/developer/articles/technical/intel-sdm.html.

[2] Intel Corporation. Intel® 64 and IA-32 Architectures Software Developer's Manual [EB/OL]. [2014-09-15]. September 2014. Order Number：325462-052US.：4-205 Vol. 2B. Figure 4-10 PSADBW Instruction Operation Using 64-bit Operands. https://www.intel.com/content/www/us/en/developer/articles/technical/intel-sdm.html.

[3] Intel Corporation. Intel® 64 and IA-32 Architectures Software Developer's Manual [EB/OL]. [2014-09-15]. September 2014. Order Number：253665-052US.：12-15 Vol. 1，Table 12-4. Enhanced SIMD Integer MIN/MAX Instructions Supported by SSE4.1. https://www.intel.com/content/www/us/en/developer/articles/technical/intel-sdm.html.

[4] Intel Corporation. Intel® 64 and IA-32 Architectures Software Developer's Manual [EB/OL]. [2014-09-15]. September 2014. Order Number：325462-052US.：3-381 Vol. 2A，Figure 3-17. HADDPS-Packed Single-FP Horizontal Add. https://www.intel.com/content/www/us/en/developer/articles/technical/intel-sdm.html.

[5] Intel Corporation. Intel® 64 and IA-32 Architectures Software Developer's Manual [EB/OL]. [2014-09-15]. September 2014. Order Number：325462-052US.：3-388 Vol. 2A，Figure 3-21. HSUBPS—Packed Single-FP Horizontal Subtract. https://www.intel.com/content/www/us/en/developer/articles/technical/intel-sdm.html.

[6] Intel Corporation. Intel® 64 and IA-32 Architectures Software Developer's Manual [EB/OL]. [2014-09-15]. September 2014. Order Number：325462-052US.：3-377 Vol. 2A，Figure 3-15. HADDPD—Packed Double-FP Horizontal Add. https://www.intel.com/content/www/us/en/developer/articles/technical/intel-sdm.html.

[7] Intel Corporation. Intel® 64 and IA-32 Architectures Software Developer's Manual [EB/OL]. [2014-09-15]. September 2014. Order Number：325462-052US.：3-384 Vol. 2A，Figure 3-19. HSUBPD—Packed Double-FP Horizontal Subtract. https://www.intel.com/content/www/us/en/developer/articles/technical/intel-sdm.html.

[8] Intel Corporation. Intel® 64 and IA-32 Architectures Software Developer's Manual [EB/OL]. [2014-09-15]. September 2014. Order Number：325462-052US.：3-571 Vol. 2A，Figure 3-25. MOVSHDUP—Move Packed Single-FP High and Duplicate. https://www.intel.com/content/www/us/en/developer/articles/technical/intel-sdm.html.

[9] Intel Corporation. Intel® 64 and IA-32 Architectures Software Developer's Manual[EB/OL]. [2014-09-15]. September 2014. Order Number：325462-052US.：3-573 Vol. 2A，Figure 3-26. MOVSLDUP—Move Packed Single-FP Low and Duplicate. https://www.intel.com/content/

www/us/en/developer/articles/technical/intel-sdm.html.

[10] Intel Corporation. Intel® 64 and IA-32 Architectures Software Developer's Manual[EB/OL]. [2014-09-15]. September 2014. Order Number：325462-052US.：3-528 Vol. 2A，Figure 3-24. MOVDDUP—Move One Double-FP and Duplicate. https://www.intel.com/content/www/us/en/developer/articles/technical/intel-sdm.html.

[11] Intel Corporation. Intel® 64 and IA-32 Architectures Software Developer's Manual [EB/OL]. [2014-09-15]. September 2014. Order Number：325462-052US.：4-5 Vol. 2B. Figure 4-1. Operation of PCMPSTRx and PCMPESTRx. https://www.intel.com/content/www/us/en/developer/articles/technical/intel-sdm.html.